把喜歡的東西變成錢

SHOE LIFE

本明秀文

「400億円」のスニーカーショップを作った男

從無到有套現400億，日本炒鞋天王的買賣之道

LEE TEA（L.DOPE）——譯

【 推 薦 序 】

賣鞋賣到 400 億，他到底做對了什麼？

——— 唯品風尚集團創辦人｜周品均

　　這本書不是在教你怎麼賣鞋，而是在告訴你：「如何把商品變成信仰，讓市場心甘情願為它買單！」

　　日本潮鞋 atmos 創辦人本明秀文，從跳蚤市場擺攤的小角色，一路把 atmos 做成全球潮流指標，最後以 400 億日圓高價出售公司，直接震撼業界。他靠的不是資本，也不是背景，而是市場嗅覺、情報掌握、速度取勝，把一雙球鞋從「貨」變成「文化」，甚至讓品牌方 Nike 反過來求合作。他在書裡分享：

- 如何找到「能炒起來」的商品？（掌握市場需求，比產品本身還重要）
- 怎麼用資訊差套利？（你知道得比別人早，就賺得比別人多）
- 快，比什麼都重要！（別人報關兩天，他兩小時搞定，市場永遠是留給動作最快的）
- 從賣商品變成賣文化，才是終極護城河！（當人們買的不是鞋，而是歸屬感時，價格怎麼訂都合理）

　　這不是一本商業理論書，而是一本活生生的「市場操作筆記」。讀完，你會發現，賺錢的關鍵不是東西有多好，而是「它能不能成為一個話題」。

　　如果你也想讓自己的商品賣出超越價格的價值，這本書給你最好的答案！

太精采！商業鬼才的熱血生存指南

——————— Youtuber｜Cheap

　　如果你曾為搶鞋排過隊、為潮牌吃過土，這本書會讓你拍腿大笑：「原來生意可以這樣玩！」就算對球鞋無感，也會被這商業鬼才的任性大叔圈粉，畢竟誰不想像他一樣，把興趣玩成市值400億的事業呢？

　　本書講的是日本潮鞋界的「灰姑娘」，本明秀文的創業故事，2021年，他將他所創辦、日本球鞋龍頭atmos，以400億日幣的天價，賣給了美國企業。但誰能想到，他當初只是一個小小水貨商！

　　這本書根本是部「熱血番」，書裡滿滿的「反套路」生存指南：如何把搶鞋暴動變成商機？怎麼用二手市場預測潮流？如何讓Nike從翻白眼到跪著求合作？實在太精采了。

不只賣鞋，而是賣文化與影響力的品牌攻略

──────── 鉑澈行銷顧問策略長、《看得見的高效思考》作者｜劉奕酉

「產品可以被販售，品牌必須被經營。」

從一家小型運動鞋店，到市值 400 億日圓的國際品牌，atmos 的成功並非偶然，而是來自對市場趨勢的敏銳洞察、選品的精準策略，以及和品牌共生共榮的行銷布局。

這本書不只是創業故事，更是關於如何創造高附加價值、如何讓市場為品牌買單的一堂實戰課。透過社群經營、限量策略與內容行銷，將一雙鞋的價值從產品提升為文化，這種做法不僅適用於零售，更是所有品牌經營者與內容創作者可以深思的策略。

品牌的成長不只是擁有更多產品，而是建立能夠影響市場的故事。

無論是創業者、品牌經營者或是希望擴大影響力的個人品牌及創作者，我想都能從這本書中找到實戰策略、重新思考自己的市場定位。

作者的風景,人生的指引

――――― 歐漾國際集團創辦人｜楊智斌

「把喜歡的東西變成錢」,這個書名太吸引我注意了,細讀了 CHAPTER 集團創辦人本明先生的著作,我知道為什麼書名是這樣取的了,他的創業從喜歡的事物開始,用熱情做喜歡的事。

故事圍繞在作者的個人特質、善於與人交際,這個特質從學生時期到創業的開始,一直到事業的經營都能看到鉅細靡遺的展現,人的交流串起作者在人生路上很重要的關鍵。

開始閱讀這本書,我就停不下來,同為創業家的我有太多的共鳴,彷彿透過作者的文字在說自己的故事,每一個段落都有一個畫面與風景,文字的力量會拉你進入這個空間,身歷其境。

把喜歡的東西變成錢,不只是作者的故事,更是一本創業家的參考書,也是每一個人的人生指引,我們都會遇到困境跟挑戰,能夠一直往前走的力量,也許就是做自己喜歡的事。

怎麼在競爭激烈的市場中，把「熱愛」化為「生意」？

——————《Men's Game 玩物誌》｜Allen

　　在我多年創業路上的摸索與實踐中，深刻體會到一個真理：每個人心中都有一團火，只有敢於追求、善於觀察，才能將那份熱情轉化為現實中的金錢。當我讀到《把喜歡的東西變成錢》這本書時，不禁讓我回想起自己從資訊差中挖掘機會、從熱愛中尋找商機的經歷，這本書的文字彷彿在與我對話，激起了我內心那份對創業激情的共鳴。

　　書中講述了作者如何利用對運動鞋與潮流文化的敏銳嗅覺，從日本跳蚤市場的黃金時代中發現一個又一個賺錢的機會。正如我在自己的書中記錄的創業經驗——那是一段從家境艱辛、從資訊不足中一步步走向成功的蛻變歷程。當時，我從對新奇事物的無限好奇出發，憑藉著一股不服輸的勇氣和堅定的行動力，終於找到了屬於自己的藍海市場。而《把喜歡的東西變成錢》則從另一個角度，細膩的描繪了如何將個人的熱愛、對潮流的執著與市場需求緊密結合，從而創造出驚人的商業價值。

　　首先，書中那股對市場資訊的敏銳捕捉力，令我印象深刻。作者詳細記錄了如何從細微的市場動態中，看見別人看不見的價值差距，並迅速採取行動。這與我早年在創業過程中，為了把握第一手資訊而四處奔波的經歷不謀而合。當時，我也是在網路尚未普及、信息極度不透明的年代，用自己的眼光和膽識，發現了

從日本引進先進產品的機會。書中所描述的那份對數據與行情的精準把控,正是每一位創業者在逆境中脫穎而出的關鍵所在。

其次,作者對於「熱情」與「行動」的詮釋也讓我感同身受。書中多次提到,只有真正熱愛一件事,才能在市場上挖掘出它的潛在價值。這讓我不禁回想起自己那段為了省下每一分錢、只為了一個夢想而努力的日子。無論是省吃儉用、刻意累積資金,還是冒著風險親自出國採購,每一個決定都源自於對未來無限可能的信念。正如書中所言,當你將喜歡的東西變成金錢,其實就是在告訴自己:只要肯努力,哪怕起點低微,也能開創一番屬於自己的天地。

再者,作者對於如何在競爭激烈的市場中構建獨特優勢的思考,也讓我獲益良多。書中不僅僅停留在描述如何賺錢,更進一步探討了如何從產品、品牌、供應鏈乃至客戶關係等多個角度,建立起難以被模仿的護城河。這與我在書中多次提到的「資訊差」和「執行力」理念相得益彰。當初我在創業初期,面對來自各方的競爭壓力,深知單靠價格戰永遠無法長久取勝,必須在服務、品味與品牌認同上做文章。書中介紹的那些實戰經驗,無疑能給同樣走在創業道路上的朋友們帶來啟發,讓他們在面對市場變化時,更加從容不迫。

此外,《把喜歡的東西變成錢》中的案例與故事,既生動又具啟發性。作者以幽默風趣的筆觸,敘述了他如何將對運動鞋、潮流文化的熱愛,轉化為一門龐大且盈利的生意。這些故事中,我看到了創業者在面對市場起伏時的堅持與智慧,也看到了那種「危機中尋找機會」的精神。這正是我多年創業過程中不斷體悟

到的真諦:每一次挑戰,都蘊含著轉機,每一個看似不起眼的點滴,都可能成就明日的巨變。對於正在迷茫或處於初創階段的創業者來說,這本書無疑是一本極佳的啟蒙讀物。

雖然我的創業故事和行業背景有所不同,但其中傳達出的核心價值觀卻有著高度的一致性——那就是:勇於突破常規、敢於追求夢想、並在困境中不斷學習成長。作者描述的如何在潮鞋市場中以獨到眼光捕捉機遇,而且不但要有識貨能力還要拚速度。

同時,書中對於如何在品牌建立、客戶經營以及市場定位上提出的見解,也極具前瞻性和實用性。作者從一個極富熱情的年輕創業者的角度,分享了從零開始如何積累資金、如何利用口碑和網絡效應打造一個強勢品牌的過程。

這些內容與我當年從家境拮据到最終成功轉型的經歷遙相呼應。事實上,每一個成功的創業故事背後,都少不了那種在逆境中敢於創新、善於變通的精神,而這正是我們共同傳達的精髓所在。

對於那些熱愛創業、渴望改變現狀的人來說,《把喜歡的東西變成錢》不僅僅是一部關於如何賺錢的商業指南,更是一部激勵人心的成長史詩。它告訴我們,只要保持對生活中每一個細微變化的敏銳觀察,不斷將自己的興趣和熱情與市場需求對接,就能在這個瞬息萬變的時代裡,找到屬於自己的成功之路外,還能在自己的興趣中賺到錢。

從我的經驗看來,創業不僅需要智慧和膽識,更需要一顆敢於嘗試、持續學習的心。當我讀到這本書中那些真實而充滿故事性的案例時,都是懷著對未知世界無限好奇與熱情,才敢於跳出

傳統框架,追尋那份屬於自己的價值。書中對於潮流文化、消費心理以及市場趨勢的獨到見解,正是我在多年創業中最為珍視的寶貴資產。

《把喜歡的東西變成錢》是一部極具啟發性、極富感染力的創業讀物。無論你是剛踏入商業世界的新手,還是已經在某個領域耕耘多年的老闆,閱讀這本書都能讓你找到那份曾經激勵你奮鬥的初心。正如我在自己的創業歷程中體會到的,每一個看似平凡的點滴,都可能成就一段不凡的傳奇。而這本書,正是以最真實、最生動的方式,呈現了這段「從熱情到現金」的蛻變之旅。

在這裡,我由衷推薦各位朋友細讀此書,從中汲取勇氣與智慧,啟發自己在創業路上不斷前行。願我們都能在這條充滿挑戰與機遇的道路上,堅持熱情、抓住每一個改變命運的瞬間,最終實現那份屬於自己的自由與成功。

影響一個世代的「鞋能量」

勘履者站長｜Sam

球鞋世界追求的就是「能量」——無論是字面上的能量、腳底下的動感，還是人格特質中的魅力。本明秀文所展現的，正是那股魅力的具象化。

從 CHAPTER 到 atmos，他走的這條路有球鞋相伴，由原宿邊陲的小店開始，潛入並打造出次文化的核心地帶，深刻影響了一整個世代。

還記得 2023 年，本明秀文在直播中宣布離開 atmos 的消息，最後他哼出「悲しくて、悲しくて、涙が溢れるよ。」這段歌詞，對於深信「球鞋讓人歡喜讓人憂」的我來說，這份甘苦能夠體會；但球鞋發展背後究竟發生過什麼故事，本明秀文以世界限量 1 of 1 的視角，帶我看見關於球鞋的冒險故事。

成為自己最想成為的人

————— 自由編輯人｜張翔

　　從拿到書稿那刻起，不到一個下午，便一頁頁意猶未盡的拜讀完畢。除了內容確實萬分精采（同時揭露許多從不知道的球鞋產業內幕），這本書對於持續在潮流媒體工作多年的我來說，更像是回顧一本青春紀念冊。畢竟在當年只要你愛球鞋、愛買鞋，有誰會不知道 atmos 這個名字？

　　更令我驚喜的是，這本書其實更像是一本商業書籍，它教你要把自己喜歡做的事情變成一門好生意，如同書中本明秀文所言：「時代會變，常識也會變，但只要心裡有顧客，成功就會在你身邊。」

　　球鞋向來是自由的象徵，也希望看完這本書的你，身心都能夠更自由，成為自己最想成為的人。

【 自 序 】

我用 400 億賣掉了我的公司！

我是經營運動鞋店的。故事要從我在 1997 那年創辦 Text Trading Company 說起，這家曾屬於我的公司，位於日本的次文化聖地——裏原宿。

那是 Nike「Air Max 95」球鞋正風靡全球的年代，整個日本也為之瘋狂，現在恐怕只有 40 歲以上的朋友才能體會那股風潮有多誇張——誇張到，你如果穿一雙 Air Max 95 出門，你可能要擔心被其他年輕人攻擊並搶劫——搶走你的鞋子！這股「獵殺 Air Max」變成社會現象，而這是日本、也是全世界首次有 Sneaker（潮鞋）變成現象級的風潮！

就在這個限量款球鞋颳起旋風的時機點，我辭去上班族的工作，開創了自己的事業。

Air Max 95 的螢光黃配色（大家都叫「黃漸層」），正是當年引爆這股搶鞋狂潮的第一槍，讓我們公司風光創下全日本銷

當時媒體報導的「Air Max 95」事件。
(圖／共同通信社 Kyodo News)

售最多雙的紀錄。

如今全球營業額高達 5 兆日圓、站在運動品牌最高峰的 Nike，當年在日本的市佔率談不上特別出色，所以我們選擇不透過製造商，而是找海外的鞋店採購，也就是以所謂的「平行輸入」來買賣運動鞋。

當然，我不是照定價去賣，而是因應市場需求來調整價格，坦白說，就是「炒價（Premium Price）」，從數萬到數十萬日圓都有。會買單的年輕人都是看準了這些鞋子在市場上的稀缺性，他們颳起的風潮一點都不亞於現在的 Resell 市場（新的二手品市場），甚至有過之而無不及。

我自己最早開的店「CHAPTER」，就是一間潮流服飾的平行輸入專賣店。

回想起來，當初會一腳踏入運動鞋的商業世界，不過只是

湊巧從我穿在腳上的一雙鞋作為起點而已,而這也是我寫這本書的初衷,我想跟大家分享:**其實商業的種子無所不在,就在你我身邊**,並沒有那麼困難或遙遠!

我這個人沒什麼特別的本事,之所以生意做得還不錯,大概是因為我喜歡到處閒晃,在各地認識了形形色色的人們,我只是將自己在這些機緣中所撿到的生意種子,最大化的加以活用。

再加上我很幸運,在大學期間曾出國留學,這讓我在美國找到發掘好鞋的管道。

別看我長得怪裡怪氣的,我可是很健談、非常喜歡交朋友,我熱愛和別人聊天,這種特質幫助我與國內外最挑剔的買家們建立起關係,讓我能比別人收集更多罕見的鞋款。

後來,在當上班族的時期,我又學到了怎麼操作進口貿易,將成本削減到極限來提高利潤。

atmos 的成長與全球化

以前所有的人氣運動鞋店都集中在上野地區,但我反而刻意選擇在原宿築巢,我這個業界菜鳥,大概是同業眼中最特立獨行的怪咖吧!但這一步,我還真是走對了!在原宿開店是正確的決定,讓我貼近日本「雜誌文化」的脈動,我可以第一手掌握媒體情報。就這樣,我在運動鞋界的影響力也與日俱增。

我的 CHAPTER 既是平行輸入商品店,但同時也被品牌原廠視為業務競爭對手,從來就不被看好。即便如此,Nike 還

是給了我機會，讓我成為他們的授權零售商，這也是 2000 年我創立「atmos」這個品牌的起頭。

現在已經有很多人認識 atmos 這個名字，然而，在 2013 年與 Nike 聯手開設「Sports Lab by atmos」之前，atmos 在東京原宿和紐約哈林區各只有一家店，我們初期的展店是很謹慎的，之後隨著潮鞋熱潮興起，成長速度才急遽提升。

在這個時期，這些賣出去的鞋子，很快就在二手交易平台上頻繁買賣，從原本屬於重度愛好者的小圈子文化，擴展到連家庭主婦和高中生都感興趣的程度，颳起的旋風遠遠超過當年 Air Max 95 時期。每到新鞋款發售日，總是吸引上千粉絲到店排隊，各大社群平台更是充斥著「我買到了！」或「這次沒搶到！」的訊息。

與這股狂熱同步，atmos 迅速在日本及海外拓展版圖，直到如今變成全球知名的潮鞋龍頭品牌之一。atmos 的成功，很大程度要歸功於我在 CHAPTER 時期累積的經驗，這讓我對二級市場有非常深刻的了解，我發現，在二級市場上人氣爆棚的東西，往往在一級市場上也能賣得不錯(注1)。

這種直覺和嗅覺就是我們最大的武器。當年，有個品牌原廠對我放話：「我是絕對不可能讓你們這種店開設 Account 的啦！」（正規經銷商所需要的帳戶），但曾幾何時，時代變了，

注1：一級市場：製造商批發下來的正規商品，在市場上大多有官方的定價。
　　　二級市場：從店家販售出去的產品，不論是全新狀態或是二手品，在市場上重新出售並由賣家自己定價。

常識也變了。

就這樣，世界最大的運動鞋零售商 Foot Locker 對我們產生興趣，並於 2021 年 10 月 31 日，以 3.6 億美金（當時約 400 億日圓）的價格，收購了我負責營運的公司 Text Trading Company。

商業靈感來自哪裡？

若只是聽到這些高來高去的數字，大家可能會覺得我是多麼了不起的商業奇才，但我不是，我並不特別，人生也並非一帆風順。在中學和高中時，我的學業成績很差，我不但讀放牛班，還是萬年吊車尾，唯一比同齡人早悟出的道理，可能是「人總有一天會死」這種心態。

這個感悟是來自弟弟，他從小身體虛弱，出生不久就長期住院，全家人承受了巨大的經濟與精神壓力。每當母親需要前往醫院照顧弟弟，我就必須獨自一人待在家，等待著大人歸來。對於年幼的我來說，一人在家的感覺真的非常寂寞，一方面，我一心一意盼望著弟弟能夠恢復健康、早日回家，一方面也期許自己在生活上不要給父母帶來任何困擾。

然而在 6 歲那年，弟弟離世了。或許就是那時候開始，我對人生沒有太多追求，抱持著「人總有一天會死，何必想太多」的態度，講好聽是隨緣，說穿了就是消極度日。直到高中，一位朋友讓我意識到或許我這樣想是錯的。不知為何，他一直認

為我「應該是個有料的人」。

我哪有什麼特別厲害的地方？我不過就是個不讀書、到處耍廢到處玩的不成材傢伙，所以考大學全都落榜啊！但當時這位朋友忍不住對我碎唸：「你啊，我一直以為你是可以創造點奇蹟的人呢！」沒料到，這番話頓時讓我察覺到，我對於「自由」的定義有所誤解，他令我重新審視自己，後來決定前往美國留學，在那裡，我與運動鞋就此結下不解之緣。

也是從那時候開始，我一改消極的人生觀，非常努力工作，我想多少是為了不辜負那些對我抱有期許的人們。人生到了這個年齡，無論是對我有所期待的人，或是會直率的對我發脾氣的人，一個個離開我的人生舞台，我想，至少要背負著他們的能量，繼續有朝氣的活下去。

這本書可以說是我人生大半輩子的記錄。我把這種將賭注都押在球鞋這個事業的人生，命名為「SHOE LIFE」。這條路可不好走，我曾為此差點搞壞身體，也曾負債累累，遭遇過無數苦不堪言的寒冬，但我每天、每一分鐘都對運動鞋事業極度認真投入，並總是保有熱情，因此最終我獲得了「自由」，也豐富了我的人生。

不要放過任何一個契機！像我這樣平凡無奇的人都能夠掌握到機會，大家一定也能找到屬於自己的商機。就像我從許多書本中獲得商業戰略和決策的技術，我由衷希望本書也可以為各位帶來一些啟發。

目　次

推薦序

賣鞋賣到 400 億，他到底做對了什麼？——周品均　002
太精采！商業鬼才的熱血生存指南——Cheap　003
不只賣鞋，而是賣文化與影響力的品牌攻略——劉奕酉　004
作者的風景，人生的指引——楊智斌　005
怎麼在競爭激烈的市場中，把「熱愛」化為「生意」？——Allen　006
影響一個世代的「鞋能量」——Sam　010
成為自己最想成為的人——張翔　011

自　序

我用 400 億賣掉了我的公司！　012

序　章

創業前夕 ｜ 嗅出商機，從跳蚤市場出發

- 日本跳蚤市場的黃金時代　022
- 擴展規模：把 1 美金變成 3,000 日圓的生意　024
- 二手服飾的藍海商機　025
- 童年記憶裡的天花板　028
- 從小就熱愛用實力決勝負　030
- 人生導師，教會我什麼是真正的自由　033
- 當籃球比賽的門票變成了獎學金　037
- 從窮留學生變成售票黃牛　041
- 價格是變動的，從價差套利賺現金　044
- 上班族也能創造價值，變貿易流程達人　045
- 要當一隻自由的雞，還是籠子裡的雞？　048

第 1 章

發掘價值 ｜ 從 2.7 坪小店起家，邁向 14 億業績之路

- 第一桶金：家庭集資 300 萬　054
- 開店必備：情報力和招牌店長　057

- 正式成立千萬資本額的有限公司　　　　　　　　　　060
- 選品關鍵：不是我喜歡，而是顧客喜歡！　　　　　062
- 定價心理學：絕不能讓商品像「賣剩的」　　　　　064
- 壓成本、進獨家，打造不敗的體質　　　　　　　　066
- 培養毒辣眼光，必先知其歷史　　　　　　　　　　068
- 人脈的拓展，打造黃金組合　　　　　　　　　　　070
- 資訊戰就是生意戰，絕不放過細節　　　　　　　　072
- 掌握熱銷品的訊號，挖寶快狠準　　　　　　　　　074
- 零售、批發並進，創 5 億業績！　　　　　　　　　077
- 成立 3 年，營業額成長近三倍！　　　　　　　　　079

第 2 章

創造價值 | 超越市場速度，成為原宿第一

- 從海關到店頭，以極速供貨甩掉競爭者　　　　　　084
- 快，就是最好的服務　　　　　　　　　　　　　　086
- 用雜誌錨定價格：誰先喊價，誰就贏　　　　　　　088
- 機動性掃貨，市場需求由我們創造！　　　　　　　090
- CHAPTER 2 號店誕生，創世界單坪業績紀錄　　　091
- 從綜藝、書店找靈感，飛台灣搶買手錶　　　　　　092
- 打開 Nike 的大門：開創全新商業模式　　　　　　095
- atmos 的誕生與路線調整　　　　　　　　　　　　097
- 世界首次！與 Nike 合作 Air Force 1 訂製款　　　101
- 饒舌文化助攻，讓動物系列起死回生　　　　　　　105
- 從市場暢銷元素，提煉「新鮮的親切感」　　　　　110
- 全球尋寶：以稀有品鞏固競爭優勢　　　　　　　　112
- 每省下一分錢，就多賺一分錢　　　　　　　　　　116
- 用人哲學：來者不拒，去者不留　　　　　　　　　119
- 身處人生谷底時，弟弟在夢裡出現了！　　　　　　121
- 在爭議聲中進軍紐約哈林！　　　　　　　　　　　125
- 被生病的母親責罵：「你在浪費人生！」　　　　　128
- 在球鞋寒冬中尋找破口：前進新宿　　　　　　　　131

第 3 章

賣的不是鞋,是文化商品 | 把原宿球鞋文化推向全球

- 賺錢的第六感:從賣不掉到爆賣　　　　　　　　　　138
- 因應消費族群質變,強攻社群　　　　　　　　　　　142
- 世界變小,平行輸入的時代結束了　　　　　　　　　145
- 豪賭的背後——一槍定生死的眼力　　　　　　　　　147
- 打造「裏文化」經濟學　　　　　　　　　　　　　　149
- 顧客的面貌決定賣店的風格　　　　　　　　　　　　152
- 和黃牛鬥智,激發新商品的靈感　　　　　　　　　　155
- 電子商務的各種挑戰　　　　　　　　　　　　　　　158
- 海外知名度狂升,外國觀光客爆買!　　　　　　　　160

第 4 章

當球鞋成為貨幣 | 市場泡沫化、新冠疫情,然後以 400 億賣掉公司

- 沒什麼天賦的我,越努力越自由　　　　　　　　　　166
- 保持彈性,能賺錢的文化是雙向共榮　　　　　　　　168
- 球鞋會「泡沫」還是變成「貨幣」呢?　　　　　　　170
- 從低潮脫穎而出的王者 Nike　　　　　　　　　　　　172
- 創造消費熱情,老派的購物方式更可貴　　　　　　　174
- 即便沒有賺到錢,也創造文化交流的天地　　　　　　176
- 不把小眾變大眾,而是讓同溫層遍地開花　　　　　　178
- 如何將韓國 1 號店打造成搖錢樹　　　　　　　　　　179
- 女性市場:最後的新天地　　　　　　　　　　　　　181
- 在疫情的逆境中提升業績　　　　　　　　　　　　　184
- 不能被統計數字牽著走　　　　　　　　　　　　　　186
- 「用 400 億日圓賣掉 atmos」的幕後　　　　　　　　188
- 商業與自由　　　　　　　　　　　　　　　　　　　192

【 序 章 】

創業前夕
―― 嗅出商機，從跳蚤市場出發

澤雉十步一啄，百步一飲，不蘄畜乎樊中。
神雖王，不善也。

日本跳蚤市場的黃金時代

我一直想要一輛 PAJERO。

年輕朋友或許沒聽過這款車,它是三菱汽車生產的四輪傳動車。在有「世界上最困難的汽車越野競賽」之稱的達卡拉力賽(Dakar Rally),PAJERO 翻山越嶺、渡河闖關,在壯闊的沙漠與荒野間穿梭自如,實在太令人嚮往,我總是忍不住幻想,自己也能開著 PAJERO 去探索這些從來沒踏足過的未知世界。

我只是一個薪水微薄的上班族,為了存錢買 PAJERO 才決定去跳蚤市場擺攤,而這一步,竟成為我創業的起點。人生總是充滿了有趣的意外,當時也沒料到,初衷是為了存買車錢,後來卻忙到連買車的時間都沒有,一轉眼,便深陷於變化萬千的商業世界。

大約是 1995 年前後,日本各地開始興起大小規模不一的跳蚤市場。這些跳蚤市場有些設置在商店街,也可能聚集在社區公園,人們會把家中閒置的物品拿出來擺攤出清。

我最初是在老家八王子市的一座小公園裡擺攤,我賣的是「B品」休閒褲,單價約 600 至 700 日圓。之所以稱為 B 品,是因為這些褲子或多或少有材質或縫製上的小瑕疵,無法在正常通路上架,但對我來說成本極低,幾乎是「免費」取得的商品!

當時我剛從美國大學畢業回到日本，在一家叫KAKIUCHI的紡織貿易公司上班。紡織業早已被視為夕陽產業，即便我朝九晚五的努力工作，薪資卻毫無成長空間，實領月薪只有14萬8千日圓。

「唉，想賺點錢怎麼這麼難啊！」

有天，我隨口抱怨。前輩齋藤聽到了，笑了笑對我說：「這樣下去，你要怎麼活啊？要不，乾脆把這些B品拿去跳蚤市場賣吧！但要低調、可別讓別人知道喔！」話一說完，這個齋藤前輩就塞給我一批B品褲。

我們公司做紡織品的進出口貿易，也大量批發東南亞生產的服飾，進貨給日本的量販店。這些休閒褲通常以萬件為單位，每一批檢驗時，大約會有1%至2%被列為不夠完美的B品，這麼一算，等於每一萬件就有100到200條的次級品。這些原本應該被銷毀的B品，前輩用每條1日圓的象徵性價格賣給我，這樣他就有理由說是以員工折扣價來出清瑕疵品。

剛開始，我預計能賣出30條左右就很不錯了，先在家裡附近的小跳蚤市場擺了一個攤位，誰知道出乎意料的，附近的阿伯阿姨們非常捧場！就算擺出來的休閒褲都是零碼、尺寸不齊，但我每回都可以賺到2萬日圓左右。「沒人要的東西在這裡竟然都能變成錢錢，那我再拚一點，不就可以存到買PAJERO的錢了嗎？」

擴展規模：把 1 美金變成 3,000 日圓的生意

當我擺攤的褲子變多到 100 條左右，我開始覺得這個公園太小了。後來我有一次去參加中野公園的大型跳蚤市場，不同於之前的小市集，一進入中野公園，我彷彿進到另一個眼花撩亂的世界，有許多專營古著店(注1)的業者前來擺攤，規模與社區型的跳蚤市場截然不同。離大城市越近，客層越年輕，跳蚤市場本身也就更具有魅力！

我好喜歡大型市集這種五花八門、活力洋溢的氛圍，索性叫一同前來的家人幫忙顧攤位，我自己則到處閒逛觀摩，跟其他擺攤的業者搭話閒聊。在與同行七嘴八舌交換情報時，有人建議我：「你也可以去試試看代代木公園的跳蚤市場，那裡的規模更大，顧客更多喔！」

一周後，我馬上去了代代木公園。當時日本正處於前所未有的 Vintage 復古熱之中，年輕世代追求個人風格、展現自我，不喜歡跟其他人撞衫，他們熱中去挖掘獨一無二的古著。在代代木公園的市集，老舊的 T 恤、牛仔褲和運動衫都是熱賣的發燒品。

注1：古著（ふるぎ，起源於歐美的 Vintage 文化），在日本通常指具有超過 20 年歷史、現代已沒有生產、保存完好的時尚單品，可能是穿過的二手衣物，但也可能是全新未使用過的。

這些在當時的日本還很罕見,但對於在美國留學過的我來說,全都是再熟悉不過的東西!

我在美國念的是天普大學(Temple University),位於賓夕法尼亞州的費城北部,當地治安是有名的差,屬於相對貧困的社區,所以當地人習慣去慈善二手商店(像是 Thrift Shop 或 Salvation Army)買衣物。這些店由慈善機構經營,店裡的二手衣物多由民眾所捐贈,收益則用於慈善活動。在美國念書時,我手頭拮据,自然也常去那裡買便宜的二手衣。

沒想到,在美國只需 1 美金便能買到的 T 恤,在代代木公園竟然可以賣到 2,500 至 3,000 日圓!

從此,我的事業逐漸從販售 B 品褲轉向經營二手古著,並且越來越深入這個市場。

二手服飾的藍海商機

我覺得自己發現了新大陸,一心想要驗證自己的預感。我一口氣跟公司請了十天休假,請大學時期的朋友幫忙,又飛往美國。「你就請假陪我吧!」在我任性的要求下,朋友開車載著我跑遍各家二手商店,晚上就讓我借住在他家。

雖然跟當年我想開著 PAJERO 遨遊在山川之間的夢想不太一樣,但可以在廣闊浩瀚的美國奔走尋寶,這已足以讓我心滿意足。我花 3 塊美金買 Brooks Brothers 的牛津扣領襯衫

我在美國前往 Thrift Shop 採購。

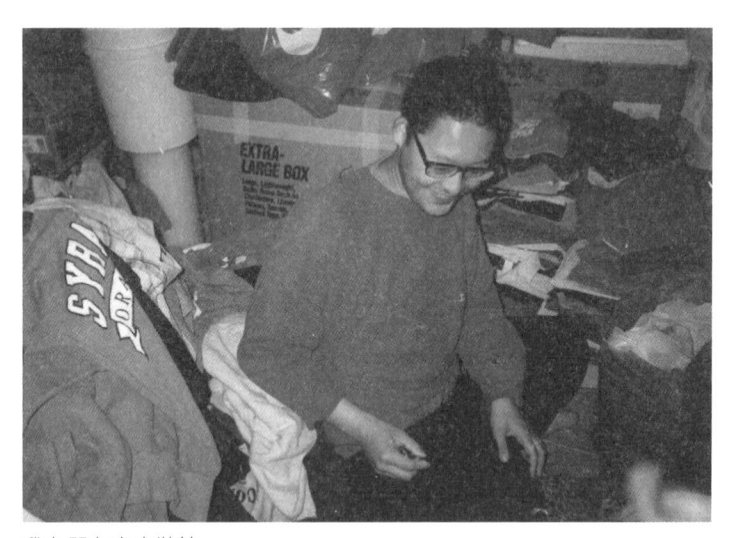

我在朋友家中裝箱。

（Button-down Shirt）、不到1美金的T恤……買得不亦樂乎，花光了我僅有的10萬日圓積蓄，買下所有我能買的二手服飾。

在日本，如果要買一件Brooks Brothers的全新襯衫，要價9,000日圓，而因為這牌子的襯衫也適合工作場合，許多人都會準備好幾件。

回到日本後，我把這些美國買到的二手衣物帶到代代木公園的跳蚤市場，結果牛津扣領襯衫賣出5,000日圓、T恤賣3,000日圓，這可比入手價格高出了好幾倍！

「跟我想的一樣！這會讓我賺到錢耶！」我感到大為振奮，我感覺自己發掘了一個全新的世外桃源。

然而當時引領我進入球鞋生意的關鍵，只不過是一個偶然。

那天我前往代代木公園，腳上隨意套了一雙法國製的愛迪達運動鞋，我沒有刻意搭配，只是因為湊巧放在門口才穿出門的。這鞋子有點年紀了，是我國中時在上野花了2,980日圓所買下的。沒想到，有一個客人看到了我腳上這雙舊舊的愛迪達，竟然問我：「這雙鞋可以賣我嗎？我出兩萬跟你買！」類似的老運動鞋，在費城的日耳曼敦、紐澤西州的卡姆登，或是在韓系的Mom-and-pop store（移民家族經營的小店家）都能買到。我還知道它們常被當作賣不掉的庫存品，在美國，以10～15美金的價格出清都未必有人要買！

於是我又發現，二手衣物的初期投資不用花多少錢，進入

門檻相對較低，但競爭者自然也非常多；相較之下，周遭鮮少有人採購二手運動鞋來做買賣。我想，「顯然在運動鞋這一塊，應該沒有什麼競爭對手。」在當下，我深信這是我可以備戰的競技場！

童年記憶裡的天花板

不管是我在跳蚤市場擺攤，或是後來創業，家人總是給予我絕對的支持，媽媽、妹妹、妻子，甚至偶爾表示關心的父親，每一位家人都在背後為我加油。我相信，在我們家，親情的連結比其他家庭來得更為深厚和緊密。這其中的原因，除了我特別害怕孤單、喜歡和家人一起的性格，也與童年時期的經歷相關。

我於 1968 年 4 月 3 日出生在香川縣高松市。

我的父親是在人壽保險公司工作的上班族，而媽媽則是再普通不過的家庭主婦。我們一家住在一棟老舊公寓的二樓。對我來說，最早的記憶大約是在我兩三歲的時候，陽光透過窗戶灑在公寓裡，映照在生鏽的公用樓梯上。雖然生活並不富裕，但那時候的我仍感受到滿滿的愛，我總是像個跟屁蟲似的跟在母親身後，我真的很愛她。

我三歲半時，弟弟誕生了。弟弟的健康狀況不太理想，天生有心臟問題，剛出生就進了醫院。在我記憶中父親總是在外

工作,媽媽很難有時間特別照顧我,因為她必須全天候守護在弟弟的病床旁。

「你要自己乖乖的喔!」每天晚上,媽媽哄我入睡之後就會出門去醫院,有時候我半夜醒來,母親一定不在家,小小的我不管怎麼喊媽媽、無論多麼寂寞,媽媽都不會出現。我只能看著天花板,呆呆瞪著那些木質的紋理彷彿在變化,變成了一張面孔,默默注視著我。

除了鄰居家的暹羅貓偶爾會跑過來玩,那幾年陪伴我的,只有空蕩蕩的家。日復一日,我在這樣的孤獨中等待著母親的歸來。

在弟弟出生後的一個月,為了接受更好的治療,他得轉院到東京的清瀨市國立醫院,我們為此不得不搬家,父親也因而放棄升遷機會,從營業部門轉調為不需要經常出差的內勤工作。

搬家後,媽媽依然每天去醫院照顧弟弟,她不會有充裕時間在家準備飯菜,每天冰箱裡有什麼,我就吃什麼,生活簡單清淡。母親一共有 8 個兄弟姐妹,我這些舅舅阿姨都很健康,而父親則是獨生子,所以他們兩個常會拌嘴,媽媽會將弟弟身體的虛弱歸咎於爸爸那邊的基因⋯⋯總之,弟弟的健康問題是一大壓力,一直是籠罩家中的烏雲。長期住院、治療費用不斷追加,家中的氣氛也日漸沉重,當時就連我這個年幼的孩子都能敏感的察覺:「家裡不太好,快走投無路了。」我不敢要求

任何要多花錢的東西，唯一讓我記憶深刻的是，父親在聖誕節送給我的超人力霸王玩具。

儘管我們家並不算特別貧困，但即便沒人明說，我早就意識到：「錢，真的很重要！」

這樣的日子一直延續到我 6 歲左右，直到弟弟去世。在這 6 年裡，我和弟弟真正相處的時光，大概只有兩個月吧！弟弟去世的那一刻，我只能茫然無措的跪在弟弟的小棺木旁，看著母親淚流滿面。

從小就熱愛用實力決勝負

弟弟去世後沒多久，父親決定重新做回業務工作，於是在我小學一年級時，全家跟著爸爸調動，搬到了靜岡。大概就因為父親的工作需要外派，我們全家都必須適應搬家這件事，也連帶讓家人之間的感情特別好，畢竟到了陌生的地方，我們就是彼此的精神支柱。

大約在那時候，妹妹出生了。我想彌補當初無法陪伴弟弟的遺憾，加倍關愛妹妹，我們兄妹從小就親近，即使到了現在這個歲數，妹妹依然常常哥哥長、哥哥短的叫我。在妹妹上小學之前，幾乎都是我在照顧她，而在靜岡時，母親較有餘裕照顧我們，一家人相處的機會也變多了。

在小學三年級之前我都是在靜岡長大的，邁入青春期的少

年時期則是在長崎度過。在長崎，每年到了8月15日都會舉行「精靈流」(注2)祭典，這天的街上熱鬧無比，人們牽拉著船型山車在街上遊行，在盂蘭盆節悼念往生的家人，鞭炮聲響徹雲霄直到午夜。看見長崎人對亡者的思念、對祭典的投入，那幅景象帶給我很強烈的衝擊，印象極深。

我在長崎讀的是游泳名校，曾培養出兩位奧運選手。我最拿手的是蛙泳，在縣錦標賽中得過冠軍，也曾在九州運動大會有不錯的成績。游泳隊的訓練極為嚴苛，我常認為自己會堅持不下去呢！雖然游泳是個人競賽，但我們泳隊的練習是連帶責任制，每名隊員都必須在規定的時間內游完才算結束，所以每個人都會瘋狂為夥伴歡呼打氣，正在游的人也會為了夥伴全力衝刺。

在鄉下的游泳學校，我和夥伴們朝著共同的目標前進，每個人都鍛鍊出不服輸的拚勁，大家學到了何謂團結，我們的信念是，努力既是為了自己，更是為了他人。在我長大後每次聽到「利他主義」這個詞，就會想起那段美好的時光。

我念小學時是1970年代，小朋友之間最流行的就是金肉

注2：「精靈流し」是長崎著名的祭典，也被稱為送靈節，據說在盂蘭盆節前後，往生者的靈魂會回到生前的家，人們以手工打造精靈船，牽引至街上遊行，用以悼念往生的家人。

人橡皮擦（簡稱「金擦」），以及四角遊戲紙牌（「面子」Menko），這就像現代孩子玩的遊戲卡，大家都想收集全套。我超愛玩這種卡片遊戲，跟人一決勝負，只為了獲得稀有的圖案來賭一把！

當年什麼圖案最稀罕呢？以「超人力霸王」為例，人氣很高的超人力霸王太郎、宇宙忍者巴爾坦星人都不算稀奇，反而是發行數量非常稀少、太郎的父親與母親的圖案才是最珍稀的特別款。如果你手上有這種稀有款，在學校就會變成超級英雄，受到周圍同學的崇拜！

我每天反覆練習，技巧好到在我們這一區可說是無人能敵，偶爾會有其他地方的小朋友想要來踢館，每每都被我成功反擊回去。根據我們的規則，一場比賽賭上 10 或 20 張卡牌是稀鬆平常的事情。結果，我在小學時贏到的卡牌數量，竟然多到可以裝滿兩大箱的水果箱！這堆卡牌至今我都還珍藏保存在老家。

現在回想起來，當時小小年紀的我就強烈意識到「物以稀為貴」；再者憑藉著勝負來「獲得」與「失去」，我十分享受這種輸贏的快感。另一方面，我對那些只是拿來收藏、炫耀用的「金擦」，就完全提不起勁想要收集。

要上國中時，我們又一次搬回了東京。如果要選擇繼練習游泳，我本來也可以選廣島的學校，身邊也有幾個朋友選擇繼續朝游泳選手邁進的道路，但最終，我還是決定與家人一起搬

到東京。

搬家之後雖然我有持續游泳一段時間，但在東京，我深深感受到大都市的競爭實在太激烈了，而且相較團體合作，這裡更凸顯個人能力的養成，和我過往的經驗有落差，最終我還是放棄游泳了。

人生導師，教會我什麼是真正的自由

國中畢業後，我進入東京都立的日野台高中就讀。我是那種在會在暑假花一整個月時間，獨自從北海道的稚內一路玩到日本最南方的沖繩，一個人闖蕩南北的大膽高中生。當時我的移動方式全都是搭便宜的普通慢車，玩到半路、盤纏用光了，就直接在當地找找有沒有可以領日薪的打工，用這些工錢來支付回程的交通費。我就是這麼一個喜歡無拘無束、到處遊蕩的人。

現在看來，我還挺想告訴高中時的自己：「小子，給我認真點、好好讀書！」但老實說，也多虧當時這些經驗，我結識了一群讀再多書都無法取代、很重要的好朋友。我們是感情特別好的四人小組，大家彼此知道對方打工的發薪日，誰哪天領了薪水，當天就會請客。我們到處玩、到處吃燒肉，往往第二天錢就花光光了，雖然沒存到什麼錢，但我們存到了濃厚的友誼。

其中有一個朋友叫 Taira，和我的感情特別好。他是個好

人，好到只要跟我有關的事情，他絕對二話不說情義相挺，只要我一開口，他一定騰出時間給我。反觀當年的我啊，根本是個成天無所事事、游手好閒的魯蛇，想當然爾是不可能考上大學的。看到我這樣把日子過得一塌糊塗，Taira 委婉的對我說：「其實，我一直認為你多少能創造一點奇蹟呢！」

我想或許 Taira 本人早就不記得這句話了，但當時他這番話讓我幡然醒悟、開始懺悔：「我辜負了好友對我的期待！」

就因為這樣讓我起心動念，決定為了大學重考一年！

重考生的生活很規律，白天讀書學習，晚上 6 點到 10 點之間就去吉祥寺的貿易公司打工，有時候太早到，就會繞到吉祥寺東急百貨後面的「杜曼」咖啡去打發時間。

就在那時，我認識了杜曼咖啡的老闆 Yamadanaka，這個阿伯是我三位「人生導師」中的其中一位，後來我甚至還邀請他來做我婚禮上的媒人代表！阿伯在東北大學主修哲學，畢業後進入大企業，在日本保齡球熱潮期間致富，等到保齡球熱退燒，他辭去工作、開了這間咖啡店。他能說 6 種語言，包括英語、中文和德語，偶爾還會在店裡開設外語教室。雖然阿伯也教我英語，但我上課時總是昏昏欲睡，書總是讀不進去，這時候，阿伯會斥責我的懶散與敷衍，他的教導給了我勇氣和希望。

這麼一個經歷非凡、「人設」很有個性的阿伯，他開的店也非比尋常，菜單上還寫了莊子的名言呢！其中有一段話是這

樣說的:「澤雉十步一啄,百步一飲,不蘄畜乎樊中。神雖王,不善也。」(注3)

有趣的是,這菜單宛如是在調侃:「嘿!客人,你來我們店裡消費是用你自己賺的錢嗎?」就餐飲業來說,簡直是店家在挑客人,十足具有挑釁意味。或許有些人會感到刺眼,但對我來說卻有如當頭棒喝!我一直渾渾噩噩的過日子,雖然說有在讀書,但畢竟還只是個無憂無慮的重考生。我想到,如果不是用自己所賺到的錢、靠自己的力量來過生活,**那就稱不上真正的「自由」**——這是杜曼阿伯教會我的道理。

我從杜曼阿伯那裡學會的第二件事,**是讀書的習慣**。時至今日,我仍然堅持每天帶著兩本書出門,一本是商業書籍,另一本則是小說、哲學或文學書,幾乎沒有例外,如果有哪一天沒有帶書出門,會讓我坐立難安、非常煩躁。

杜曼阿伯教會我的第三件事,就是「**當個地球村的人吧!**」

注3:曠野草原上的雉雞,跑幾十步才能在地上找到果實或小蟲吃上一口食物,走幾百步才能找到露水或川流喝上一口水,即便在曠野之中要生存是如此辛苦,但雉雞並不會因為這樣就想被人關在籠子裡飼養,寧可在曠野之中冒險。養在籠子裡的雉雞,雖然因為每天都吃飼料吃到飽、看起來毛色亮麗,但那又如何?牠們再怎麼光彩亮麗,終究是籠中雞,沒有自由而難以自在生活。

他說:「人要開放心胸,不要坐井觀天,只看得到自己的小小世界就沾沾自喜,多拓展視野,無論是外國人、躺在新宿街頭的流浪漢、咖啡店坐在你身旁的客人,甚至是外星人,管他什麼人都好啊,多去和不同的人聊天,人生在世,要學著虛心受教!」

就是這些話語給了我莫大的動力,於是我腦子一熱,也不管自己還是個一事無成的重考生,乾脆一股腦把打工存到的錢都拿去美國旅遊!我飛到美國,搭上長途的「灰狗巴士（greyhound bus）」,展開一人從紐約前往洛杉磯的「壯遊」。

1987年的紐約哈林區,依舊殘留著貧民窟的色彩,治安自然好不到哪去。一到哈林區,放眼望去街上99％都是黑人,唯一的白人是道路施工單位的一位大媽。但即使眼前景象是如此「粗糙」,在我眼裡卻無處不是閃閃發光,真的很酷!

我乘坐巴士前往尼加拉大瀑布,還上了船。當我進入瀑布內側的山洞,我深深感到自己是活著的悸動。接著,我經由克利夫蘭前往芝加哥。當年芝加哥的荒涼感恐怕也是現今很難想像的,但說也奇怪,我並不覺得害怕,反而是異常的情緒激昂!從芝加哥出發,看完了黃石國家公園的壯觀景色,我就前往了舊金山,在那裡我被有同性戀城之稱的卡斯楚街（Castro Street）給震撼到!

最後我到了洛杉磯。當我從長途巴士的窗戶望出去,看到向日葵的田野無限延伸到地平線的彼方時,我心中滿溢著興奮

與感動,「果然,這世界是如此的美麗啊!」

回到日本後,我跟父親分享我的興奮:「爸,我想要飛去美國!」沒想到他毫不猶豫的回答:「好啊!」這爽快的回答讓我當場呆住了,我甚至懷疑,「哇!這是爸爸終於要放棄我這個敗家子的意思嗎?」原來,那時父親因為業績優異,被升職為公司的 MOF(財務談判代表)。我從來沒想過,要出國留學的費用,父親早已默默的幫我籌措好了。

當籃球比賽的門票變成了獎學金

我第一次的海外留學,是去辛辛那提念一所大學附屬的語言學校。我的打算是大約學習半年的英語,再去攻讀本科學位。我住進學校宿舍的時候,美式足球社的白人同學來挑釁:「Hey!Jap!(侮蔑日本人的稱呼)」;更過分的是,他們向我扔橘子!我很生氣,不管三七二十一就和將近 20 個踢足球的壯漢起了口角還大打出手。還好,不幸中的大幸是在我被打到需要送醫之前,宿舍長打斷了這場群毆。但宿舍長非常堅決的要求我:「你必須離開宿舍!」這所大學是實力雄厚的美式足球名校,我心想,他們肯定也覺得我是麻煩製造者、實在太礙眼了吧!被趕出宿舍的我一時間居無定所,於是,來美國才 6 個月,無可奈何之下,只好灰頭土臉的先回日本再作打算。我覺得非常對不起父母,感到超級丟臉。

回日本後，我沒有放棄留學夢，又尋找新的地點，後來成功轉學到費城的天普大學。這所大學的評價中等，但它是一所超大型的國際學校，裡頭有來自各地的黑人、亞洲人，包括50多名日本學生。每個人都很友善，比起辛辛那提，我在這裡感覺自在多了。

　　但即使順利轉學，剛開始我因語言能力不佳，可說吃盡了苦頭，就算有第一次出國的基礎，我的英語聽力已經好很多，但只要閱讀教科書的長文就讓我頭痛不已，大約有長達半年時間，我幾乎跟不上課堂上的進度。

　　我交到的第一個朋友是大衛（Dave），是我在健身房結識的黑人朋友，因為身高超過190公分，大家都叫他Big Dave。另一個朋友是推薦我哪裡有好吃校園餐車的韓裔美國人史提夫（Steve），他還加碼推薦了韓國料理、中華料理，讓我的伙食毫無適應問題。朋友們會刻意配合我那笨拙的英語對話能力，也多虧了他們，讓我的英語越來越好。

　　在大學裡我的主修是政治學，然而我更擅長數學，尤其是機率和統計學，幾乎每次考試都能拿到滿分。有一次本校的機率和統計學名師、院長佛倫先生（Foreland）還邀請我：「要不你來統計系吧？」但我拒絕了：「當初父母包容我的任性讓我出國留學，如果要重選新的主修，就得花更長時間才能畢業，我的經濟狀況也不允許。」院長則回我說：「你讀政治，未來很難靠這個吃飯，既然你數學不錯，那考慮主修經濟學怎

麼樣？並不會增加太多必修學分啦！」他推薦我的方法是雙主修（Double Major），也就是在同一個學院的兩個不同科系取得學士資格。

在美國，許多學生都是一邊工作一邊上大學，在 3 個月的暑假期間也有開放課程，讓學生繼續修學分。唯一沒有開課的長假只有在暑假剛開始的第一周，以及結束前的最後兩周。到後來，除了學校放長假，其餘日子我從不休息，每天都去上課，只為了取得學分。

在我這段忙於念書的日子裡，最寶貴的休閒嗜好就是觀看體育賽事。天普大學的籃球校隊擁有包括後來活躍於洛杉磯湖人隊的艾迪·瓊斯（Eddie Jones）和費城七六人隊的亞倫·麥基（Aaron McKie），整體強度更被評為 NCAA（全美大學體育協會）的前八強。

美國大學的體育賽事有非常強大的票房能力，有時甚至能吸引超過職業比賽的觀眾人數，要買到大學比賽的門票可沒想像中容易。不過我往往都能拿到每一場比賽最前面的座位，原因很簡單──會一大早就跑去排隊買門票的，大概就只有身為日本人的我吧！我這行為，對美國人來說實在是異類！

在門票開售的當天，我都是一早就衝到售票處，以確保買到最好的位置，我會買兩三個人一排的連號座，幾乎每場賽事都不缺席，帶著女朋友和朋友一起去看比賽。

有線電視會轉播比賽，坐在最前排的我常被鏡頭掃到，老

同學們在電視上看到我都很羨慕，我也因此感到有些得意。

有一天，藝術史的赫夫納（Hofner）老師對我說：「秀文，你去看比賽的座位都好棒耶！」這位老師也是活躍於費城藝術博物館的繪畫修復師，同時他的夫人馬莎荷（Marsha Hall）也是天普大學的教授，她是後文藝復興時期繪畫的策展人，哥倫比亞大學和牛津大學的出版社皆發行過她的書籍，是藝術圈的知名人物。

我說：「如果老師也想去看，我可以給您票喔！」於是我給了他門票，而我自己則一如往常的去看比賽。就這樣，老師看比賽時就坐我旁邊，自然而然的，他開始跟我聊一些我在課堂上不懂的東西，讓我覺得能抓住機會學習實在是賺到了！我趁機問老師：「下次的考題會從哪裡出呢？」心情很好的老師索性就告訴我範圍。這樣的師生互動，竟然不知不覺間成了我考試前的慣例。

整體來說，我在美國不太花錢、花時間去玩樂，一方面因為學費是父母親幫我支付，再加上與日本的環境不同，在美國日常娛樂的誘惑比較少，所以我能夠專注在學習上，早早就取得所有必修的學分，只花 3 年就從大學畢業。

我在大二、大三期間還獲得獎學金，當時每年的學費大概是 100 萬日圓，光是獎學金就分攤了一半。我很用功，GPA（成績評鑑）的滿分 4 分，我取得 3.5 分，可說名列前茅，不過會去申請獎學金的人成績都在伯仲之間，要突圍而出可不簡單。

能搶得獎學金的最重要關鍵,在於「你是否能寫出一手精采的論文?或是有誰推薦你?」。

推薦人若不是重量級、具有評分權威的知名教授,作用不大。我找到兩位願意推薦我的教授,第一位正是建議我去雙主修的佛倫院長;另一位則是幫他搞到籃球賽門票的赫夫納博士的夫人,有名的瑪莎荷教授,她也幫我寫了推薦信。

誰會想到,籃球比賽的門票,竟然會以這種方式回饋給我!

這些在學生時期所發生的大小事,更讓我深信:「**難以到手的東西,將會成為你的武器!**」這種靈感也成了我進入商業世界的契機,把我推向日後的工作。

從窮留學生變成售票黃牛

驀然回首,我深刻體會到我的生存之道有一大部分是憑藉著人際關係。在我的生意裡,最重要的就是與人交流、並且讓他們感興趣,而我的事業後來之所以能成功,也是因為周圍的人都像是送子鳥一樣,總是給我帶來賺錢的機會。

但另一方面,我絕對不認為「要討每一個人的歡心」。打個譬喻,我經常自問:「海嘯來的時候,誰會陪伴在自己的身邊?然後,自己會想要陪伴在那個人的身邊嗎?」

如果你無法照顧好那些對你真正重要的人,只是為了討好那些在危機時刻會離你而去的人,人生有何意義呢?就算

有 95％的人討厭你，但只要有 5％的人超級喜歡你，那門生意就能成立！我認為，我在大學時交到的不只是「好朋友」，而是遇見了能啟發我人生、非常非常重要的人！

我有一個朋友叫迪莫亞（Dimoa），擁有天才般的記憶力，成績全都拿 A。他和我一起去幫費城人隊的比賽加油時，他完全沒有歡呼，而是從頭到尾一直碎碎唸：這個打者的打擊率多少？那個投手的戰績如何？我忍不住對他說：「不要碎唸了啦，這樣看比賽有夠無聊的！」但他毫不在意。

也不知為何，他很喜歡來我的宿舍串門子。

有一次，我拿出冰淇淋要招待他，「吃一點吧！」他竟然回說：「這東西會融化腦袋，不用了！」我回嘴：「拜託，別想這麼多好嗎？就吃吃看吧！」他才一臉心不甘情不願的勉強吃了。

迪莫亞對我來說既是朋友，也像家教，在學習上有任何不懂的事情，他都樂意教我。

朋友之中還有一個比較特別的人——黑人毒販艾力克斯（Alex）。他隨身帶很多錢，開著賓士上下學，生活相當奢侈，自帶一種很特殊的氣場，讓人感覺很難親近，看起來壓根沒有在讀書。有一次，我正巧看到他的母親在校園內哭泣，我詢問她發生什麼事了？她回答：「剛剛學校的人告訴我，如果兒子的成績繼續這麼糟糕，他就要被退學了，我得想想辦法讓這個孩子能畢業！」總覺得不能不管這檔事的我，跑去把艾

力克斯訓了一頓，我說：「你怎麼可以讓媽媽擔心哭泣呢？」於是我開始教他我擅長的數學，但我又擔心只有這樣是不夠的，考試的時候我讓他坐在我旁邊，偷偷給他看我寫的答案。有趣的是，艾力克斯為了回報我，介紹了好多女孩給我。當然他也曾偷偷問我：「需『藥』嗎？」我果斷的說：「那個就算了吧！」

　　費城老鷹隊是主場在費城的 NFL 職業美式足球隊，在本地非常受歡迎，我身為狂熱球迷，每到星期天都會緊盯著電視看比賽。有一天，我很興奮的跟艾力克斯說：「昨天老鷹隊的比賽真是有夠精采！」艾力克斯對我說：「你喜歡老鷹隊啊？我來幫你搞定買票的門路吧！」當下我半信半疑：「你在開玩笑吧？」

　　然而就在幾天後，艾力克斯真的介紹老鷹隊的工作人員給我。要知道，老鷹隊的票在當時被視為「夢幻球票」，等閒不可能買到！一年 8 場的主場比賽，就算再加上兩場季前賽，也只有 10 場。全賽季的套票一共 10 張，整組超過 250 美金，相當於 3 萬日圓，對學生來說是非常昂貴的消費，真真切切是每個人都夢寐以求的東西，跟 NCAA 這種排隊就能買到的門票截然不同，二者根本無法相提並論。

　　明明是頂級的門票，老鷹隊的人卻告訴我：「你想要幾組我都能賣給你喔！」我不敢跟爸媽開口，後來向女朋友的爸爸借錢，買了 8 組套票。但果然如我所料，門票搶手的程度，讓

我很快就能全部賣光並還錢。

此後，我搖身一變成為專賣老鷹隊門票的黃牛。過沒多久，我手上有門票的事情在其他留學生之間傳開了，找上我的，不乏有錢人家的孩子，他們說：「管他多少錢都好，票賣我就對了！」

我選擇把 10 張一組的套票拆散，如此原本一張 25 美金的門票，就算喊到 125 美金也是瞬間秒殺，光一場比賽竟可以讓我賺進 500 到 1,000 美金！

價格是變動的，從價差套利賺現金

我在這個時期所學習到的是，買賣當中的「價格」和像股票一樣是「暫時」的。真正的價格總是在變化，**賺取利潤的方式就是取決於價差的套利（Arbitrage）**。當時的我每天絞盡腦汁只想著：「要怎麼省學費？要怎麼幫自己賺到玩樂的錢？」

但我絕不揮霍，留學這 3 年，穿過的球鞋只有 3 雙。我看到有位 NBA 黑人球星穿了一雙「Air Force 1 Hi」，我一直想模仿，它的綁帶是在後面垂下來的，真的有夠帥！這 3 雙鞋都是同款，第一雙是白色配灰色，第二雙是白色和紅色，最後一雙則是白色和藍色，全都是雙色的搭配，每一雙都是花 75 美金購入，我喜歡到一直穿一直穿，直到穿壞為止。

我唯一花大錢所購買的東西，是為了去看老鷹隊比賽

要穿的球衣。仿冒品沒有辦法滿足我，我砸了250美金買了 Mitchell & Ness 製造的正牌球衣（順道一提，Mitchell & Ness 總公司就在我的宿舍附近）。從以前我就很討厭花錢買那種不上不下的東西，覺得這種購物反而很浪費，我自己沒有太多的購物慾望，但是要買就想要買最好的，這種性格至今依舊。

我和其他日本留學生的生活圈、進出的休閒場所都不一樣，所以反而沒什麼日本朋友，但我喜歡與人互動，所以很快就交到了美國朋友。

我在美國交到的第一個朋友 Big Dave，在我寫書的同時正騎著自行車環遊世界；史提夫似乎也在費城過得很好；艾力克斯在學生時期最後的考試合格了，勉勉強強以 D+ 的成績畢業，現在如果沒有太大的變化，想必他依舊過著奢華的生活吧！天才迪莫亞，已經在賓夕法尼亞大學擔任教職的工作。最後也是最重要的是，在美國讓我遇見了我的真命天女──讓我借到錢買老鷹隊球票的大學同學，是我當時的女朋友，後來也是我的老婆由香。

上班族也能創造價值，變貿易流程達人

畢業後，我在 1993 年 7 月回到日本，當時我 25 歲了。

我很崇拜在金融領域工作的父親，所以原本我夢想成為

一位銀行家，但我回到日本的時間點正好錯過了日本最熱絡的求職季，無法馬上找到工作，有半年以上的時間都靠著打工過日子。

有一次，我沒有預約，直接殺去信用評級機構（Rating Firm）標準普爾公司（Standard & Poor's）的面試現場。我這種魯莽之舉當然是立即被擋下了，就在要吃閉門羹被轟出去之前，人資部的經理落合先生將我留下來，甚至騰出一個小時的時間給我。

「你真是個怪咖耶！沒有預約就跑來公司也太失禮了！但有這膽量挺好的！」落合先生這麼說。而我呢，前來拜訪卻熱到不得不脫掉西裝，這在日本也是不合禮數的。另一方面，想在這種金融機構工作，沒有研究所學位和專業知識，幾乎是不可能的事。面對眼前如此無知的年輕小子，落合先生卻寬容的教我當一個社會人應該要有的基本常識。

後來我又遊手好閒了好一陣子，有一天，父親實在看不下去，把我介紹給他的朋友、在財政部工作過的律師杉井孝先生。父親盤算著，「杉井人脈很廣，應該能介紹我們家秀文去適合的公司上班吧？」

杉井先生也不負父親所託，給了我機會，「找一家可以讓你活用英語的貿易公司怎麼樣？」於是他把我介紹給KAKIUCHI，一間紡織品貿易公司。他可能擔心我是個怪咖，考量到這家公司的社長也是從美國的大學畢業，跟會說英語的

我磁場應該會合才是。多虧杉井先生的幫忙，我和社長直接用英語面試了30分鐘，通過了面試，在1994年4月加入了這家公司。

我被分配到「紡織37」小組，負責貿易相關的作業，在古川先生手下工作並學習。然而僅僅3個月，意想不到的事情發生了——古川先生無預警的辭職了。如果按照慣例，我必須待滿6個月才能從行政庶務轉向到業務團隊，到時候會處理一些和台灣、中國往來的貿易，並一邊做產品開發的工作。但因為古川辭職了，我竟然變成小組中唯一一個對貿易相關行政工作有點經驗的人。

就這樣，才剛報到3個月，我就被公司指派負責起每年超過1萬6千件以上的報關工作。「等等！真的可以嗎？」然而再怎麼忐忑不安，我還是硬著頭皮開始上班族生涯，此後的兩年又兩個月，我就埋頭苦幹、專心投入於貿易業務。

當時我每天早上6點12分從高尾站坐電車，7點35分前後在神田站下車，喝杯咖啡之後，我會在早上8點前抵達位在日本橋的公司，直到晚上11點左右才下班，每天拚命的投入貿易業務。每個月會有兩個周六要到公司，現在回想起來，當時我真是超級拚命的在工作啊！因為太忙，我覺得住家裡的通勤時間太長，我借住在當時還沒跟我結婚的太太老家。太太的老家在外神田這一帶，他們家是做醫療服飾的生產，跟我比起來，太太一直在更富裕的環境中長大。

我主要負責處理貿易流程中與金錢、貨物相關的文書工作。說得更精確一點，就是在處理進口時，我們每年要發出 4,000 份以上的 L/C Open（Letter of Credit，意指信用憑證），以保障協助客戶代為支付的款項。另外還有像是 CIF（Cost, Insurance and Freight，成本、保險費加運費）、Bank L/G（Letter of Guarantee，銀行保證書）或是海上運輸（Ocean Freight），這類貿易流程與 SOP，我都能一目了然的掌握處理。

　　此外，我會另外抽時間，自己去找倉庫管理公司請教節省物流費的方法，於是我在這方面懂得比公司任何人都多，到後來，大家只要有關於貿易流程的疑難雜症，不懂的都會來找我。

要當一隻自由的雞，還是籠子裡的雞？

　　若要說上班族時期有什麼煩惱，唯一的問題就是我沒有上司緣。我愛看《日經新聞》，有點死腦筋，就算不是屬於本分內的業務、即使公司配合的廠商已行之有年，我也會大膽的跟上司建議，要不要考慮換掉那些收費高於行情的貨運商？上司則不客氣的回答我：「你沒有立場講這些吧！年輕人跩什麼啊？」於是我總是被上司冷落。我慢慢了解一個現實：懂得多並不代表一切就能順風順水，工作上的專業知識似乎沒能讓我更順遂，於是我開始提不起勁，久而久之累積不少挫折。

還有,明明是我沒有參與的項目,卻被業務窗口指責:「交貨日期延遲,都是本明的錯。」一次又一次被當成替死鬼,代表我有多麼被討厭!為了證明自己的清白,我比任何人都更加小心,小心到什麼程度——例如我用釘書機釘文件的時候,會故意在釘法上耍點小心機,萬一出事有人要找我頂包,我就馬上替自己辯護:「那份資料並不是我做的!我釘的方式不是這樣。」

工作上,只有同小組的宮澤小姐對我特別照顧,這位五十多歲的同事對我說:「本明啊,你跟那些人合不來對吧?」她偶爾會找我出去吃午飯,或去咖啡店請我吃冰淇淋。

只要是上班族,大概很多人都逃不了這種跟上司、同事間的人際煩惱,我只是這千千萬萬人之中的一個。總之,周間的上班日壓力大、不快樂,到了周末為了切換心情,就出門去跳蚤市場。

就在我進公司超過兩年,「貿易相關的工作,我已經完全學會了,繼續留在這裡也學不到更多吧!」當我這樣想時,腦袋突然浮現出寫在杜曼咖啡的菜單上,莊子的那段話。我是要當一隻「被飼養的雉雞」,還是一隻「自由的雉雞」?

我毫不猶豫的選擇了後者。那時的我,已經可以預期自己能在跳蚤市場上賣出一定的業績!我第一時間跑去告訴宮澤小姐:「我決定離職!」她有些擔心,我一旦離職,整個小組也會被解散,但是當我向主管提辭呈,得到的回答卻是:「就算

你不幹了，大家也不會有什麼問題的。」我一點都沒有被慰留呢！當下，我甚至有種被拋棄的感覺。

就在我離開半年後，我所屬的「紡織37」被其他小組給整併了。當我耳聞這消息，感受還挺複雜的，有種既疲憊卻又塵埃落定、鬆了一口氣的感覺。我體會到，也許直到最後的最後，公司都沒有適合我生存的位置。

當我跟母親說要辭去工作去創業，她鼓勵我：「秀文要做，我們就會挺你！」我找來當時還在讀多摩美術大學的妹妹，請她周末也來跳蚤市場幫我。就只有父親對我辭職一事感到極度悲觀，「你這個沒有毅力的傢伙！」他說完這句後，將近整整兩個月都不跟我說話，也許對他來說，要面對盡心盡力幫我介紹工作的杉井先生，他會感到很丟臉吧！

至於妻子，在我辭去工作前她嫁給了我，那是1996年3月31日，當時我27歲；同年6月，我從工作了兩年又兩個月的公司辭職。在那年4月過完生日後，我28歲了。

本明的商道心法

1. 難以到手的東西將會成為你的武器!

2. 買賣當中的「價格」就像股票一樣是「暫時性」的,真正的價格不斷變化,要賺取利潤,就取決於最後價差的套利(Arbitrage)。

3. 如果不是用自己所賺到的錢、靠自己的力量來過生活,那就稱不上真正的自由。

4. 人要開放心胸,不要坐井觀天,只看得到自己的小小世界就沾沾自喜,多去和不同的人聊天,人生在世,要學著虛心受教!

【 第 1 章 】

發掘價值

—— 從 2.7 坪小店起家，邁向 14 億業績之路

探索全世界所有會熱賣的東西，
越難找到的逸品，就是讓我點鞋成金的武器！

第一桶金：家庭集資 300 萬

　　確定要創業時，我算了一下，之前在跳蚤市場賺到的「買車基金」一共有 75 萬日圓，加上妻子的儲蓄 75 萬日圓，總共是 150 萬日圓。「只有這樣還不夠吧？」母親悄悄拿出 150 萬日圓的私房錢給我。那些錢是她在便當店打工，每天汗流浹背辛苦賺到的錢。打工的時薪非常低，要花多少勞力、多少時間才能存到這筆錢，這箇中的苦我感同身受。就這樣，向母親借了 150 萬日圓，我一共籌到了 300 萬日圓的創業基金。

　　這 300 萬日圓先扣除掉旅費和稅金，剩下 200 萬日圓用來投資古著、Vintage 球鞋，我把這些貨裝在 20 個長寬高都是 150cm 的大紙箱裡，每箱可裝入約 20 雙含鞋盒的球鞋，我的目標是在一個半月內全部賣光。

　　進貨的同時，因為我想要拓展跳蚤市場之外的銷售管道，我也同步開始找適合的店面。當年滿是 Vintage Shop 的高円寺附近也被我列入口袋清單，不過當我有一次去原宿的「M's 仲介」、認識了森山先生，彷彿是天意——「仲介跟我老婆同姓耶！感覺就是個好兆頭」，頓時有種命中注定的感覺。就是因為這個巧合，我決定在原宿開店。但這時是 1996 年，裏原宿文化正在崛起，原宿的店面一位難求，森山介紹給我的是位於原宿的遊步道的街邊、JUNK YARD 大樓最深處一個 2.7 坪的小空間。

我們在跳蚤市場擺攤。

　　當時的 JUNK YARD 還是鐵皮屋頂，與其說是大樓，倒不如說是違章建築的鐵皮屋。裡面還有玩具店、算命的占卜店，就算再怎麼包裝，這裡距離 fashion 這個字實在太遙遠，對於時尚潮流有興趣的人根本不會走進來，整棟樓冷冷清清。但是在租金天價的原宿一帶，對於初出茅廬的我來說，每月 20 萬日圓是可以負擔的範圍，押金也只要 20 萬，這些都成了決定的關鍵。

　　在想店名時，我、妻子、母親與妹妹，4 個人擠在媽媽的愛車裡，Nissan 的 March，車上也塞滿了貨，我們正開往跳蚤市場的路上。

妹妹雙手抱著行李，坐在後排、身體被擠到往後傾斜的她，不經意的問我：「哥哥，你這家店的名字要取什麼呢？」喜歡閱讀的我，立刻想到「章節」這詞彙，於是回她：「就叫 CHAPTER 吧！」看著妹妹當下一臉疑惑的樣子，我緊接著說：「意思就是，我們從這裡展開我們的第一章！」她馬上認同：「這名字很好！」

　　我這個人，一直習慣用這種「概念式思考（Conceptual thinking）」來考慮事情。

CHAPTER 1 號店裡的 Sneaker Wall。

就這樣，1996 年 9 月，我在 JUNK YARD 的最裡頭角落開設了 CHAPTER 的 1 號店。以「探索全世界所有會熱賣的東西」為概念，店內陳列大概一半是古著的 T-Shirt、牛仔褲，一半是 Vintage Sneaker（復古球鞋），店面雖小，我們仍絞盡腦汁盡可能把商品擺出來，把 50～60 雙稀有款的球鞋，擺滿了整面牆，從地板延伸到天花板，我們稱之為「球鞋牆（Sneaker Wall）」。

開店必備：情報力和招牌店長

CHAPTER 剛開業時，我們連宣傳的招牌都還沒有掛出來，會進來的都是很喜歡商品的客人。開幕第一天，我只有賣出一雙球鞋和兩件古著。那時沒有社群網路，所有情報只能靠口耳相傳，而我對商品很有信心，我這裡有比其他地方更多更豐富的稀有球鞋，我們幾乎每天都在更換 Sneaker Wall 的擺設。果然，我這間店很快就在熟客圈傳開了，甚至連雜誌都來介紹，瞬間成為圈內話題。其實我們沒花太多的時間，就把 CHAPTER 推上了正軌。

我在淺草橋的包裝材料店買進便宜的白色購物袋，每天一早到店裡就先拿印章在袋子上面蓋「CHAPTER」字樣，這也就成了上班的慣例。「今天需要幾個袋子？」「50 個左右吧？」「嗯～還是準備 100 個好了！」我跟妻子、妹妹，偶

在店裡合影。最左邊的正是一臉仙氣的三上淳。

爾還有媽媽加入，4個人顧起這家小店。除了經營店面，一到周末我們就把媽媽的小March塞滿，跑去跳蚤市場擺攤。跳蚤市場裡聚集很多同業，有著各種寶貴的情報，我在那裡投入大量的時間和別人交流，同時間，擺攤的業績也來到一天約200萬日圓。

過沒多久，我就需要更多人手幫忙，於是找來高中時期的朋友三上淳，委託他做CHAPTER的店長。三上從高中輟學後一直遊手好閒，我找上他的時候他也沒有正職工作。他那一

頭長髮、滿臉鬍鬚的外型,看起來就像是遠離塵囂的仙人,於是被客人們取綽號「球鞋之神」。他並不是個多話的人,但只要提到球鞋就滔滔不絕,他每次翻看我從美國帶回來的廠商目錄,就會很興奮的說:「我想要這個,這個看起來就很好賣!」他跟客人一聊就是一兩個小時,我們當時非常重視顧客關係,無論是我或三上,幾乎所有常客的名字我們都記得!

每年會花數十萬日圓來店裡買東西的常客,我想至少有200～300人。「我來東京觀光,順道來逛逛。」每次有這種帶著地方名產的客人前來,我就會讓妹妹先顧店,我帶著三上和客人跑去附近的飲料店喝茶聊天。我出國採購的時候,三上

在辦公室裡,從左起:我、妹妹與母親。

作為「招牌店長」，非常認真的撐起初期的 CHAPTER。

　　三上是個很客觀、說話很平實的人，絕不會硬跟客人推銷他自己喜歡的東西，而是擅長從與客人互動的過程中，發掘對方的喜好以做最精準的推薦。

　　對於打造出 CHAPTER 這間店的氛圍，三上居功厥偉，而這種風格也一直傳承下來。

正式成立千萬資本額的有限公司

　　我們在原宿車站的竹下口另外有一間辦公室，是在一棟大樓的四樓。因為離店面很近，我們也把這裡當成倉庫，但有幾次當我們搬運從美國寄來的商品時，沒注意到重量超載、導致電梯故障，有一天房東突然大喊：「給我滾出去！」就這樣把我們給趕了出去。

　　當下苦無對策，只好在千駄谷的另一棟大樓「第 25 宮庭 mansion」裡租了一戶約 30 坪大的空間。但是這地方有點慘，收不到手機訊號、沒採光可言、空調破舊，冬天真是有夠冷⋯⋯

　　平常我們會做分工，母親在辦公室接電話訂單，當年還不時興網路購物，那個年代都是透過電話下訂，我們再將商品裝箱，並手寫貨運單發貨。

　　再後來，隨著每一趟去美國的採購量逐漸增加，甚至於

半年內就採購了3、4次，資金也迅速成長，很快就累積到1千萬日圓以上。父親介紹一位熟識的會計師給我，我去打招呼，他一臉疑惑的問我：「你這種帶貨工作能持久嗎？沒問題嗎？」這也難怪，畢竟我是把在美國「形同垃圾」的東西拿來日本販售。

會計師接著問我：「成立『股份有限公司』至少要1千萬日圓的資本，『有限公司』則是需要300萬日圓。你要選哪個？」我選擇了股份有限公司，因為聽起來比較讚。

1997年8月，我成立了Text Trading Company，等於是CHAPTER的母公司，公司名稱我故意結合了代表「書稿」之意的「TEXT」，以及代表「貿易」的「TRADING」二字。畢竟是待過貿易公司的人，我可以有自信的說：「只要與貿易相關，我在任何地方都能靠這行活下去！」

在開設公司帳戶的那天，我帶著1,000萬日圓前往會計師介紹給我的住友銀行（現在的三井住友銀行）。因為帶錯金額，我交了1,010萬，所以銀行退還了10萬給我，這讓我當時有種「耶！賺到了」的感覺。在公司成立後10個月，累計營收已經達到2億5千萬日圓！

選品關鍵：不是我喜歡，而是顧客喜歡！

就在 CHAPTER 開幕沒多久，馬上就迎來一個轉折點！

在前一年、也就是 1995 年 Nike 所推出的 Air Max 95 越來越暢銷，這款鞋螢光黃的配色為主，掀起了一股巨大熱潮。事實上，在二級市場開始飆升期間，正好是 1996 年，我剛從公司辭職後不久。當年魅力橫掃年輕世代的木村拓哉，在 SMAP 的 CD 封面上穿了這雙鞋；女明星廣末涼子在 BB CALL 的電視廣告中也穿上了它。在 1997 年，這股流行更是到達了頂峰！

不過有趣的是，這雙鞋在美國反而沒有像日本一樣掀起超高人氣，因為有點呆的造型，還被嘲諷為「Yellow Worm（黃色毛毛蟲）」，因賣不好常得打折出清，在美國很好買到。不過

以店員身分出現在雜誌的妻子由香。

鞋子畢竟與不到 1 美金就能入手的古著衣物不同，要收購一雙要價 140 美金的運動鞋，需要更多的資金，加上鞋子比衣物更佔空間，貨運箱很快就裝滿了。

空運貨物又分依重量或材積來估價，在兩種計價方式中取高價來計算，對我來說等於必須付出更高的運費成本。如果是把衣物裝箱，就算裝到一個人快拿不動的重量，硬塞也可以讓每箱塞進幾百件，但帶有鞋盒的運動鞋沒辦法，頂多放 20 雙就是極限。因此如果取材積計算，每雙鞋子的運輸成本就會比較高。

跟古著相比，我一直擔心球鞋是否能賺到錢，所以我最初只保守的採購了 4 雙「黃漸層」。誰知道，回到日本，這些鞋子喊 3 萬日圓馬上就賣掉了！用當時的匯率計算，扣除每雙 1 萬 5 千～1 萬 7 千日圓的採購及運費等成本，我至少能賺到 1 萬日圓以上的利潤。只要能大量購入，比起賣只賺幾千日圓的古著，賺錢的效率明顯更高。於是我在下一趟的採購，果斷的進了 50 雙回日本。

其實，關於球鞋的大小事，我全部都是從太太那裡學來的。至今我仍認為她才是「終極版的球鞋愛好者」，她收藏的 Air Max 1，在學生時代就讓人驚艷；在美國留學時，偶爾兩個人約會，都跑去逛球鞋店了。

當年我是窮學生，在 3 年內買了 3 雙 Air Force 1 已經是極限，但是家境好、手頭寬裕的妻子，同款式就會買個兩雙以上，

一雙甚至作為收藏用。她對球鞋的品味擁有我所沒有的天賦，這些都給了我做生意的靈感。

在創業初期她會陪我去採購，到了女性球鞋專賣店 Lady Foot Locker，她給我各種建議：「這是日本沒有賣的款式，買大一點的尺寸帶回去吧！」雖然名義上我是球鞋店老闆，但絕不會自誇自己是收藏家，我認為我都是邊做邊學。我是這麼想的，「球鞋終究只是商品的一種」，至今也盡可能站在顧客的角度來看待市場。我也聽聞過在 Air Max 95 的風潮帶動下，有許多店家過量採購了後面幾代的款式，像是 Air Max 96 或 Air Max 97，造成庫存過剩；然而我只收集客人近期想要的款式，所以不會有庫存過多造成的反彈問題。

或許我做生意成功的祕訣，在於我不是用「我個人喜歡」，而是以「什麼會賣」的冷靜視角來判斷。

定價心理學：絕不能讓商品像「賣剩的」

話說為何 Air Max 95 會這麼熱銷呢？回顧歷史，就我看來，1989 年「柏林圍牆倒塌」是其中一個關鍵契機。在那之前，大家聊到運動鞋，指的都是 Adidas 和 Puma 這類領頭的歐洲運動鞋品牌，但隨著柏林圍牆倒塌，九〇年代自由主義浪潮擴大、蘇聯解體，美國成為世界第一強國，1995 年微軟推出的 Windows 95 更是讓國際競爭塵埃落定，從這一年起，大眾開

始認為「果然美國貨就是最先進的好東西！」，在這個時機點，Air Max 95 開始大賣，彷彿意味著「球鞋乃是自由的象徵」，Nike 也開始嶄露頭角！

這雙球鞋上市，徹底顛覆了服飾業的市場。就結論來說，過往只關心古著以及 Vintage 服飾的流行風尚雜誌，也轉換路線開始報導新的商品。而這也連帶影響到以前熱銷的原版老球鞋，像是 1985 年製造的 Air Jordan 1、Terminator、Dunk，以及法國製造的 Adidas，新款球鞋取而代之，成為媒體寵兒。

也就是從這個時候開始，我的店開始把重心從專賣古著和復古運動鞋，轉移到平行輸入運動鞋。

「不可能只靠市場主流商品一直賣下去。**如果買賣都只先考慮績效，一旦不夠『好玩』，東西是不會賣的。**」這是我在跳蚤市場做了 3 個月左右所學到的道理。

當時我從美國進口的古著 T-Shirt，每件成本介於 65 ～ 95 美分，在日本可以賣到 2,980 日圓。然而，當庫存越賣越少，部分顏色開始斷色，一件定價 2,980 日圓的 T-Shirt 就變得很難賣，必須降價至 1,980 日圓。但有趣的是，當我再次補貨，顏色選擇又增多時，那些打折的 T-Shirt 又能回到原價以 2,980 日圓賣出。

再熱門的商品，一旦長得像「滯銷品」，價值便會消失。為了避免這種情況，我必須不斷採購，雖然白色和黑色的 T-Shirt 銷量最好，但陳列時仍需搭配一些亮色系，營造吸引人

的視覺效果。因此，我們的進貨策略是以白、黑、紅、藍、黃等多種顏色整組進貨。

採購運動鞋時也是相同邏輯。我會將所有進貨的鞋款陳列出來，確保顏色搭配均衡，以避免缺色的情況。「不斷投入，就能不斷有新發現！」我正是以這樣的經營態度，全心投入這個戰場。

採購最關鍵的環節是籌備資金，我在貿易公司學到的金融知識就能派上用場，例如在海外銀行只要出示護照，即便沒有在這家銀行開戶，仍可提領日本銀行的現金；此外，還能與 L/C Open（信用憑證）組合，做到「貨到付款」的交易。在當年，多數採購人員仍習慣攜帶旅行支票或現金，而我則靠著這種「組合技」備妥資金，一旦發現好貨就能立即下手。

壓成本、進獨家，打造不敗的體質

關稅方面，我也想方設法，力求將成本壓到最低。

例如全新的球鞋關稅為 27％，但如果沒有鞋盒，可視為二手商品，只要 7％ 的關稅就能解決。此外，美國各州的州稅不同，若從紐約寄送運動鞋或服飾，需支付 8.75％ 的稅金，但從紐澤西州或賓州寄出則可免稅。再者，紐約這種大都市一定有很多日本買手跟我搶貨，我刻意避開這種競爭激烈的戰場，選擇我最熟悉的費城作為採購根據地。

每年我會去美國 8 ～ 10 趟，幾乎都是沿著 95 號州際公路（Interstate 95，簡稱 I-95）南來北往，這條公路從最南邊的佛羅里達州到最北的緬因州，貫穿美國東海岸，這正是我在徹底研究完州稅之後，精心找出的低成本路線。

就算只是一筆 100 美金的小額採購，若能省下 10%的稅金，不就等於賺到 10 美金的利潤？ CHAPTER 能在充滿競爭的原宿平行輸入市場活得很好，其中一個關鍵便是我用更低的成本打造「不會輸的體質」，即使與競爭對手價格相同，我的營業利潤率仍遠高於業界平均，這正是我的自信所在。

順帶一提，當時在紐約哈林區的商家偏好現金交易，只要整批大量採購，議價會更容易。

美國導演史派克·李（Spike Lee）執導的電影《Do the Right Thing》，有一幕描寫在紐約街角，一家由韓國人經營的球鞋店內，有黑人顧客對店主喊道：「給點折扣吧！」我還真的模仿過這場景，強勢的與店家議價。

基本上，球鞋與黑人文化密不可分。在治安差的地區，反而越有機會能挖掘到價格便宜且罕見的球鞋；然而，去這些地區風險很高，車窗常被砸、人一去可能被洗劫一空，甚至可能有生命危險。在美國租車，第一個基本動作就是一定要用黑色塑膠袋把車窗遮起來，以免車內物品外露。我不能讓人發現我是買手，以免被懷疑身懷鉅款而被盯上。我會穿得很簡單，通常只穿 Champion 運動衫或 T-Shirt，搭配 Levi's 的「501」牛仔

褲,腳上是 Air Force 1。與其他日本買手不同,我的打扮實在稱不上有多時髦。

我會一直去翻電話簿中所有運動鞋店的資訊,絕不放過任何一家,而且一定要親自到店拜訪。單靠電話聯繫,對方往往無法理解我們對老球鞋的濃厚興趣,對店員來說,這類商品可說一文不值;再者,球鞋賣不出去變成庫存,對店家來說沒什麼好誇耀的,電話中也不會多談。每次通話結尾,常常只聽到一句不悅的「What's!?」隨即被掛斷。因此,我只能逐店拜訪,並且堅持請求:「讓我看看你們地下的倉庫吧!」

培養毒辣眼光,必先知其歷史

若想成為一位合格的買手,就必須先了解當地歷史。例如賓州的匹茲堡曾是舉世聞名的鋼鐵之城,但到了 1970 年代,隨著鋼鐵業衰退,許多工廠陸續倒閉,這座經歷興衰變遷的城市,有眾多庶民老店,常能挖掘出物美價廉的商品。

走訪多家球鞋店後,我也常遇到獨立的業務代表(Sales Representative),畢竟美國幅員遼闊,僅靠品牌原廠的業務人員無法照顧到各地市場,因此會有一些非原廠的獨立業務與品牌廠商簽約,到處去批發與推廣。一般而言,會為了批發商品專門準備產品型錄的人並不多,多數業務仍隨身帶著實體 sample 鞋去展售,而這些展示鞋都是他們自掏腰包找原廠買

的，在當季業務結束後，展示鞋對他們就沒什麼用處了。儘管鞋廠嚴禁私自交易這些展示鞋，但仍有不少人會偷偷賣。要入手這些鞋子，最重要的關鍵便是先取得對方的信任。

有時我會主動搭話，有時是對方得知我是來自日本的平行輸入業者後，便主動找上門來詢問：「我有 sample 鞋，你想買嗎？」起初雙方皆保持戒心，但只要約好「去喝杯咖啡」，去賣甜甜圈的店 Dunkin' Donuts 聊聊，逐漸打開心防，就能「打開天窗說亮話」。

「我很想要這個型號，你有嗎？」

「你想要，我可以賣給你，但另一個型號的樣品也得一起買下。」

趁著這種天時地利人和的情況，我獲得了不少獨一無二的運動鞋！

所有的展示鞋尺寸都是 27 公分（也是日本男性平均尺寸），數量有限，有時還會「Drop」（最終未量產上市），這種鞋款一流入市場，都會變成「夢幻 sample」，價格被炒得極高！而這些本來不會問世的鞋子，不論賣多貴馬上會被玩家搶購一空，有時碰到真的很罕見的球鞋，我也會留給自己、捨不得賣，尤其是 Nike 的「Vandal Supreme」和「Blazer」，都是我的最愛。

人脈的拓展，打造黃金組合

　　blues 是一家在原宿的平行輸入球鞋店，創店時間比我的 CHAPTER 還要早，我常去逛逛、看看銷售狀況，加上它也販售 CHAPTER 沒賣的商品，很適合做為參考。

　　有一次在 blues 門口，我發現了一個被丟棄的紙箱，當我湊近一看，赫然看見上頭貼著「PHL（費城）」的標籤，並標示一間球鞋店的名字「SAMSUN」。SAMSUN 是一家在費城開了 7、8 家分店的知名連鎖店，也是我學生時期常去溜達的地方。

　　於是在下一次前往採購時，我順道去了 SAMSUN 看看。當天認識了負責顧店的 John Lee，後來他變成了我的生意夥伴。John 是韓裔美國人，比我年長 7 歲，當時 35 歲，太太是一名醫生，他則在岳父經營的店裡上班。說起 John 的岳父 Mr. Park，在運動鞋業界可是赫赫有名的經營者。

　　我們第一次見面時，我只買了幾件 ACG 外套（Nike 的戶外服飾產品線）和 3 雙「螢光黃」，但我們交換了聯絡方式。回日本後，我每天傳真詢問：「有什麼好鞋嗎？這款型號有貨嗎？有的話我會過去進貨。」當時 SAMSUN 除了 blues，似乎還有幾位日本買手也是他們的客戶。去個幾次之後，我在 SAMSUN 的採購量提升到每一次約購入 150～200 雙。每次買完，John 都會帶我去吃越南料理。

有一次找他買完鞋,我們一如往常的去吃越南料理,他吃飯時好奇的問:「你每次都買超多的,到底開了什麼樣的店?」我向他展示 CHAPTER 的照片,「我有一家 2.7 坪的店喔!」他難以置信:「這麼小的店,竟然能賣得這麼好?」

　　John 提議:「你這樣每次跑美國太麻煩,不如把錢交給我,我幫你採購吧!」我索性邀請他:「那這樣的話,你要不要幫我,一起做生意吧!」John 不但一口答應「OK!」,甚至二話不說就跟岳父的公司提離職,與我共同創業。但當時我沒有足夠的資金可以馬上交給他,我說:「等到有錢,就把訂金存入帳戶囉!」我們彼此達成了共識。

John 與他的兒子 Justin。

不過，後來 John 的太太 Susan 找我出去，不滿的指責我：「你是來破壞我們家庭的嗎？都是因為你這傢伙，讓我們家變得一團糟！」因為她擔心離職的 John 從零開始、身無分文，她不停碎唸著：「平行輸入什麼鬼的，誰會有興趣！」當時正在吃肉丸義大利麵的我，實在食不下嚥，現在回想起來，也不想再吃第二次了，那堪稱是人生中最糟糕的味道。

　　即使 Susan 對我有敵意，我們還是積極進行合作。John 成立了「JAKO」公司，這個名稱結合了 JAPAN 和 KOREA，象徵我們的合作起源，我倆幹勁十足的相信：「我們根本就是黃金組合，從現在起讓我們賣爆球鞋吧！」

資訊戰就是生意戰，絕不放過細節

　　從那時起，我在美國的採購就請 John 協助。John 把他家的車庫改成倉庫，也招募了新員工。John 會把他從美國各地收集來的球鞋寄到日本給我，這讓我飛美國的次數可減少到每年約 6 次，多少減輕了負擔。比起我自己一趟趟去現場採購，這樣的合作可以找到更多的商品。

　　當時主要的聯繫方式是黑白傳真，基本上我只能自學 Nike 特有的色彩編碼，像解讀摩斯密碼般的去拆解，所以 John 也畫圖教我色彩編碼。譬如說，商品編號是「RK2512—001」，末 3 碼的部分就代表色彩碼：001 是黑色；100 則是白色；601

是黃色；701是綠色……041的話，應該就是「喬治城配色」吧（融合喬治城大學的灰色和海軍藍的雙色設計），我學會以這種方法來判斷鞋款的顏色。

了解當中有哪些細節，也非常重要。例如，一樣是Air Max 1，在腳趾的小指對應位置，有些鞋會有一個小勾勾Swoosh（Nike的商標），有些則沒有，帶有小勾勾的款式更好賣；如果是Air Force 1，相較於單色系，雙色款式會更熱銷；要是鞋舌（Shoe Tongue）上頭的勾勾是橘色，那肯定會超熱賣。我們總在這些有限的資訊當中，研判出什麼會大賣、什麼不好賣。

此外，對於預防資訊外洩這件事，我比任何人都更小心！平時進出貨總會有需要丟棄的紙箱，要是被同業發現我們進貨的運送路線就完蛋了！從海外空運的貨物必定都會貼有航空運單（AWB），上頭寫著貨物的運輸編號，只要有這個資訊，就可以去海關調閱，一查寄件者與收件者，極有可能會被掌握到進貨的源頭。所以每次丟紙箱，我們絕對會把寫有資訊的貼紙都撕光光，紙箱也不會重複利用。如果有粗心大意的員工沒撕貼紙就丟掉紙箱，我一定會大發雷霆！

寄出商品時，我一定會換成沒有任何標示的紙箱再寄出。就算後來已經變成是原廠出貨給我們，我也是貫徹執行這個原則。因為從原廠來的紙箱上有標示產品名稱、尺寸和產品編號，這些細節足以被有心人揣測出我們進了什麼產品、有多少數量。我認

為這些資訊都是商業機密，絕對以最嚴謹的角度看待。

掌握熱銷品的訊號，挖寶快狠準

　　我喜歡與人攀談，這個特質大大幫助我建立起買手的人脈網絡。這就是所謂的物以類聚吧，就在我開始委託 John 處理美國採購之際，我在代代木跳蚤市場也遇到了「一村哥」，一位自己做生意的買手。

　　一村哥是個妙人，長得很壯，體重超過 100 公斤，留著一頭長髮，他總是隨身帶著裝了 500 萬日圓的大袋子四處晃，最誇張的是他如果喝醉酒，常不管不顧的就在原宿馬路邊倒頭就睡。每次我在路邊看到他，都會喊他：「一村哥，起床了！」還不只一次將他送到附近的商務旅館去休息。

　　此外，在機場的出境大廳我也認識不少買手，還變成好朋友，像是安田、生島和中村這三位超級高手。他們都比我年輕，其中中村剛自慶應義塾大學商學院畢業，但財力遠超過我。而提到安田，就不能不提當年木村拓哉以一雙 Air Max 95（俗稱「紅漸層」）登上 1996 年 1 月《週刊朝日》封面，他正是提供鞋款給木村的人，安田家中甚至陳列著木村拓哉親筆簽名的「紅漸層」。

　　一村哥與這三劍客都是手腕高明的買手，總能在世界各地發掘到稀有球鞋。一村哥的挖寶重心主要在歐洲，有時也會深

入如阿拉斯加等人煙稀少的地區。他一找到好貨就馬上打電話給我：「本明，我發現了幾款球鞋都寄給你了，好好賣吧！」喀擦一聲，也不等我回答就掛掉電話，火速將球鞋寄給我。我收過他裝滿了 200 雙球鞋的大箱子，且多數沒有鞋盒、都是 addidas，每雙都能賣出超過 3 萬日圓的高價，足見他眼光之利。

而三劍客的主力則遍佈杜拜、印尼各島、菲律賓及柬埔寨等地。亞洲到處都有 Outlet 清倉的球鞋流通市場，可想而知他們也掌握了從工廠流出的供應管道。其實不只是球鞋，任何具有價值的商品他們都能搞到！當卡西歐的計算機電子錶「DATA BANK」在市場上走紅，他們光是研究說明書上的阿拉伯文，就迅速飛往中東，才短短幾天就帶回 600 支手錶。這些手錶以 2,000 日圓的價格入手，在日本卻能賣到單價 6 萬日圓！讓我對他們在生意上的眼光超級佩服。

既然有這些高手，我就委託一村哥負責歐洲採購，三劍客則專注於亞洲市場。那是一段很精采很有趣的尋寶時光，我們忙得不可開交，宛如孩子般興奮的周遊各國，靠著自己的商業嗅覺，一發現哪裡有寶藏就出發去尋找「龍珠」。

挑球鞋非常考驗買手的眼光，有些款式超級暢銷，但有些則乏人問津、完全賣不動，勝負的關鍵在於要判斷哪些商品能夠熱銷，以及應該掌握多少進貨量。 雖然 Windows 95 推出，進入網際網路的年代，但當年距離現代這種網路社會可差得遠了，我們主要還是以黑白傳真進行溝通，或以電話討論「這款

商品如何？」，多數時候只能憑空想像，所以每當見到實品，總不免讓人後悔當初怎麼不多進一點呢？可見採購之路總伴隨著風險。

儘管如此，有這些心臟超大顆、專業能力超強的買手們作為 CHAPTER 堅實的後盾，我們從不斷全球各地搜羅到眾多罕見鞋款，我深信這些球鞋必定會熱銷，因此我總是以最優條件

我被店裡堆積如山的庫存所包圍。

進行收購。

慧眼與膽識缺一不可,這也讓我的 CHAPTER 內迅速打開市場知名度。

零售、批發並進,創 5 億業績!

當時 CHAPTER 的營業額已令不少人驚訝,但只憑 2.7 坪店鋪的販售,終究還是有天花板,再怎麼努力,單日營業額很難超過 150 萬日圓大關。另外只要聊到球鞋,在原宿開店,會被叫「新來的」,有不少主流名店進駐的上野,才是球鞋的一級戰區,於是我開始把我的貨批發給上野的球鞋店。我還年輕,臉皮夠厚,我會挨家挨戶去拜訪各大鞋店,跟他們說:「我可以進到這些鞋喔!」

就這樣,我一邊經營店鋪做零售,一邊擴張我的批發事業。

當時我有一個批發客戶,是在埼玉縣上尾的球鞋店「Houei」,店裡的阿伯可說是我人生中的第二位導師。每次我去拜訪,都會在拉麵店裡聽這個阿伯上課整整兩小時,他教會了我很多重要的事。這個阿伯常說:「會計和財務很重要,公司如果不能獲利,就無法好好經營。就算景氣變差,只要擁有知識和情報,那反而是脫穎而出的大好機會!」我相信他的話,也學會了會計和財務相關的知識。當阿伯要離開 Houei,我開口問他:「您要不來我們公司上班?」但他拒絕了我:「單

靠我現有的知識，可能會成為本明你公司成長的絆腳石。都這把年紀了，還是算了吧！」

　　批發業務能做得好，也歸功於當時的球鞋店都會在街頭雜誌刊登電話郵購的廣告，這被認為是提升營業額的好方法。那些球鞋店只要陳列從我這裡採買的夢幻鞋款，都有很好的吸睛效果，簡直像是動物園的「熊貓法則」一樣有噱頭，利用特殊鞋款帶來客人，其他鞋款也能順勢賣出去，營業額自然明顯增加。

　　當時同行應該會把我這個新來的傢伙視為眼中釘，但他們還是會找我買鞋，而且每次一買就是好幾百雙，同行對我來說可都是大尾的批發客戶呢！

　　當時市場上稀缺的 Air Max 95，我們從美國、歐洲和亞洲各地搜羅，庫存經常保有 200 雙以上，我相信 CHAPTER 一直都擁有傲視群雄的庫存，無人可比！

　　「黃漸層」最夯的巔峰時期，每雙定價可高達 14 萬 8 千日圓，但賣最貴的是 Lady Foot Locker 所設計的限定款，我們稱「海軍藍漸層」（Navy Graduation），其中男生也可以穿的尺寸特別少，12 號（28.5 ㎝）炒價飆升到 28 萬 8,000 日圓，紅到發紫的程度連普通上班族都會跑去買！

　　1997 年，有 Text Trading Company 這間公司，還有 CHAPTER 店面、跳蚤市場，再加上批發業務，我成立公司的第一年營業額就來到 5 億 2,000 萬日圓。

成立 3 年，營業額成長近三倍！

在隔年的 1998 年，Text Trading Company 的批發客戶更多了，公司營業額成長到 7 億日圓。隔年 5 月，CHAPTER 搬到螺旋槳通（Propeller），店面擴大到 17 坪。其實位在明治通和表參道旁的螺旋槳通，早年只是一條沒有名稱的巷弄，隨著古著店 Propeller 的開幕，以及裏原宿的崛起，當時的年輕人就稱這條巷弄為「螺旋槳通」。

搬家時父親也來幫忙。

店面搬遷的時候，父親主動來幫我，事實上，打從我從貿易公司離職，他有一段時間都不肯和我說話，他肯來幫忙，似乎多少對我的工作有了認同，這讓我很感動。

　　也多虧店面變大了，店裡有一半的空間可以當作倉庫。不同於原店總是塞滿了堆積如山的大小箱子，現在可是一間整齊有序的店面了，門面變寬廣，來客也不停湧現，我們忙到不可開交，感到人手不足。

　　在三上之後加入的是阿久津拓郎，他原本在我的批發客戶、開在歌舞伎町的球鞋店「SUZUCHU」工作。阿久津比我小7歲，以前是足球員，身材好、體力好，我認為他「很適合來我們這工作耶！」，他當時留著蘑菇頭的髮型、戴了職棒費城人隊（Philadelphia Phillies）的棒球帽——費城，可是裝滿了我大學時代的回憶之處！

　　「你有興趣來嗎？」我開口問了阿久津。他回答：「我先去你的辦公室看一看。」於是我叫他來我們位在千駄谷的辦公室兼倉庫，那天湊巧有1,000雙鞋要進貨，他看到進進出出忙著搬貨物的我們，很熱心的說：「我來幫忙。」我回了句：「那就不跟你客氣囉！」雖然很感謝他，但當下他並沒有發揮什麼作用。原本我已經抱著放棄的心情了，誰知道他隔天跑來說：「我想在這工作。」我心想：「可真有心啊！」於是就讓他做三上的左右手，擔任副店長。

　　阿久津是一個超級球鞋控，而且他熱愛的不是 Nike 而是

攝於 2003 年，左邊就是阿久津。

Adidas，這很少見。阿久津說：「我父親在我小時候就過世了，所以我絕不能給母親帶來任何麻煩。」他的工作態度非常認真，雖然剛開始常睡過頭遲到，但他非常耿直，馬上承認自己的錯誤、勇於道歉。每次看著阿久津，我總是想：「他的母親一定是個善良的好人！」

無論除夕或元旦，一年 365 天我們不眠不休天天都在工作，就這樣，公司以我、我的家人、三上還有阿久津為中心，在成立第三年之際，營業額比前一年又翻倍，達到了 14 億日圓。

本明的商道心法

1. 我做生意成功的祕訣,在於我不是用「我個人喜歡」,而是以「什麼會賣」的冷靜視角來判斷。

2. 不可能只靠市場主流商品一直賣下去。如果買賣都只先考慮績效,一旦不夠「好玩」,東西是不會賣的。不斷投入,就能不斷有新發現!

3. 再熱門的商品,一旦長得像「滯銷品」,價值便會消失。

4. 就算只是 100 美金的小採購,能省 10% 稅金,不就等於多賺到 10 美金?打贏競爭者,在於用更低的成本打造「不會輸的體質」。

【 第 2 章 】

創造價值

—— 超越市場速度，成為原宿第一

時間就是金錢，速度決定成敗。

從海關到店頭,以極速供貨甩掉競爭者

　　CHAPTER開幕後沒多久,原宿的平行輸入店也進入戰國時代,一家接著一家開。當時手機尚未普及,更沒有社交媒體可以飛速傳播消息,我們的首要任務,**就是創造玩家間的口碑**,讓市場流傳這個小道消息:「只要去CHAPTER,就能挖寶到最新款!」為此,CHAPTER的一大堅持就是要「比全日本任何一家店都早一步擺出海外版的鞋款」。

　　不過打從這股球鞋熱在世界各地開始沸騰,所有的日本買手全湧到美國去找鞋,搶貨也越來越競爭,我告知我的買手:「不管有多少庫存都賣得掉,反正就是把所有你覺得會賣的鞋子都搜刮回來!」看著對手的數量暴增,我不斷思索:「要怎麼做,才可以更快一步把資金匯給人在美國的John?」

　　在日本都市銀行(注1)還有很多家的年代,我在各銀行的不同分行都試過匯款到美國,但是基本上整個程序都需要一到兩個工作天。別小看這一兩天的差異,如果錯過了眼前的鞋

注1:日本的銀行大致可分為全國型的都市銀行、地方型銀行、新型態銀行、郵貯銀行等等,都市銀行的總行設在東京或大阪等大都市,業務遍及全日本都會區,1970年代時有十餘家,經整併後如今只有4～5間都市銀行,包括規模前三大的東京三菱、三井住友、瑞穗銀行。

款,下一刻可能就被競爭對手給搶走,最糟糕的就是這種差一天就要你命的狀況。

每次接到 John 匆忙打來詢問的電話:「錢還沒匯過來?」我們雙方都焦躁得不得了,被搶時間的壓力追得喘不口氣。

經過各種測試,我發現東京銀行(現在的三菱 UFJ 銀行)的新宿分行是速度最快的,於是我就在此開設公司的戶頭,它是唯一能夠在我辦理電匯的隔天,就能將錢打入 John 美國戶頭的分行。

在貿易公司工作的經驗,成為我拉開和競爭者距離的重要武器。為了讓商品能更快進店,我最大化的壓縮從海關到店頭的時間差——我決定自己處理進口通關手續,而不委託一般報關業者。一般空運的貨物通常會透過報關業者處理,每份 AWB(航空運單)需要至少一天的作業時間才能完成清關。然而,我們沒有等待的餘地,光是差這一兩天,對我們來說可能就意味著失去一波先機——「**時間就是金錢,速度決定成敗**」!

我們每周從美國空運 3 或 4 批球鞋,只要 John 傳真貨物編號,我們就立刻趕往在千葉縣原木區的東京海關,全面掌握貨物的通關流程。當貨物進入系統,我們已經備好清關文件、自己完成通關手續,接著前往倉庫支付稅金並提領貨物。這樣的作業程序,從商品抵達海關開始計算,大約在兩個半小時內就可以搞定通關手續。

完成清關後,我們馬上將貨物裝上廂型車,全速駛向原

宿。如果能在中午前完成取貨,下午兩三點就能將最新鞋款陳列在店面,讓客人第一時間看到市面上還未販售的限量鞋款。當時,沒有人能比我們更快!可以說,想在日本搶先一睹美國最新的潮鞋,CHAPTER 就是唯一的選擇。

快,就是最好的服務

我這個人對「時間」的執著,從學生時代起就已是深植心中、牢不可破的原則。在大學時期我讀過德國哲學家馬丁‧海德格爾(Martin Heidegger)的經典著作《存在與時間(Being and Time)》,雖然不敢說完全讀懂,但這本書讓我深刻體悟「速度提升服務品質」的重要性。我始終相信,**減少客人等待的時間、提供更有效率的配貨與銷售建議,絕對與客人的滿意度成高度正比。**

當時還沒有「發售日當天排隊搶購」的球鞋文化,許多客人每天都會來店裡晃晃,只為了看看今天是否有新貨上架。這些熟客們跟我們越來越有默契,他們很清楚我們的進貨節奏,常習慣在下班後來店裡尋寶。其中一位忠實顧客,就是知名搞笑藝人寺門 JIMON。

寺門先生不僅是家喻戶曉的諧星,更堪稱是日本第一代的球鞋收藏家。他對美食和球鞋有獨特見解,被譽為「日本最懂吃、也最懂鞋的搞笑藝人與導演」。他經常光顧 CHAPTER,

每次都興奮的問:「本明,下一批貨什麼時候到?」當我回答:
「明天!」他總是充滿期待,隔天一定準時報到,認真看最新
到貨的鞋款,還會跟我們聊聊他對這批鞋的意見。

這樣的狂熱,正是當時球鞋文化正在萌芽的最佳證明,而
我們則是站在這場浪潮的最前端,推動著市場變化。

佔滿左右兩面牆的 Sneaker Wall。

為了避免熟客看膩,我們甚至每天更新展示架上的陳列。
那兩面從地板延伸到天花板的「Sneaker Wall」,加起來總共
可以展示 500 雙鞋子。庫存充足的款式會放在容易拿到手的位
置;只進貨一雙的款式,更會放在顯眼突出的地方。就算進貨

不多,也得想辦法讓人覺得好像每天都有新鮮貨,當熟客們興奮的說:「這款很稀有耶!」都讓我們覺得超有成就感。

其實到了 1998 年,Air Max 95 的熱潮已經消退,許多平行輸入業者接連倒閉,一些店家因為過度採購導致庫存過多、資金周轉困難,最後撐不下去;另一些則是因為找太多買手、擴張過快,卻沒有足夠穩定的海外供應商,採購越來越困難,最終也被市場淘汰。

然而,另一方面,「裏原宿文化(Ura-Harajuku Culture)」正進入巔峰時期,從 1986 年創刊的《Boon》,到之後的《asayan》、《COOLTRANS》、《smart》、《GET ON!》,以及《streetJack》等街頭雜誌紛紛崛起,把潮流文化推到浪頭的高點。那個年代與如今社群媒體百家爭鳴的情況完全不同,在潮流界,雜誌為王,媒體報導的資訊就等同於潮流市場的風向指標!

用雜誌錨定價格:誰先喊價,誰就贏

原宿街頭時常有雜誌攝影師出沒,他們專門鎖定街上打扮很潮的年輕人做「街拍」(街頭拍攝,Street Snap),在表參道與明治通路口、購物中心「Laforet 原宿」對面的服飾店 Gap 門口,總有一堆渴望上雜誌的年輕人聚集,他們會來回在表參道逛來逛去,期待被攝影師相中。他們熱中以穿搭展現個

人風格，而球鞋正是這場街頭秀場的重要配件，原宿的次文化魅力，讓這條街成為潮流愛好者的展演天堂。

我們有幾位熟客經常被雜誌街拍，我常對他們開玩笑：「如果你被雜誌拍到，一定要記得說鞋子是在 CHAPTER 買的喔！」

當時 Nike 正試圖重新建立品牌形象，並希望將品牌調整回「運動品牌」定位，他們決定暫停與街頭雜誌合作，不再出借產品與主動刊登資訊。這個政策使得各大雜誌編輯部不得不找上我們這些平行輸入業者與經銷商，以取得最新的球鞋資訊與拍攝樣品。

對我們來說，這正是難得的機會。

雜誌上刊登的球鞋價格，變成「借出鞋款的店家說了算」。當時的市場資訊較封閉，消費者都是看雜誌了解價格等資訊，因此這些刊登的價格具有錨定效果，很快就成為市場參考價。

「二九八（29,800 日圓）」便是這樣的例子，這種心理定價策略在日本十分常見，當商家想要訂在 3 萬日圓時，會刻意將價格調整為 29,800 日圓，讓消費者產生「比較划算」的錯覺。

簡單來說，**掌握雜誌的刊登時間點，意味著掌握了市場價格的主導權**，我與三上把這點做到極致——我們對每一本雜誌的截稿日期都熟門熟路，能夠精準掌握商品見刊的時機。

我和《streetJack》的編輯石原先生是每周至少聚餐 1～2 次的好友，我們時常討論：「這雙鞋可以試著推看看！」或「這

樣的主題應該不錯！」我會將我們獨家取得的球鞋借給雜誌編輯部，讓他們拍攝、排版，並在雜誌上多次曝光。

機動性掃貨，市場需求由我們創造！

當我對某款球鞋感興趣時，我會直接聯繫 John：「你先寄一雙過來讓我看看吧！」就算只有一雙，我也會要求他用 FedEx Express 快遞寄送，確保 3 天內能收到鞋。看到鞋子「本尊」後，如果我有感覺「這雙一定會賣」，我就會立刻聯繫石原先生：「這雙鞋很稀有，我想請你幫忙上版面！」如果他回覆：「搞定了，確定見刊！」那麼在雜誌發售前，我會立刻通知 John：「這雙鞋會被報導，能買多少就全部買回來！」

我們的售價則依據能夠採購的數量來決定，數量越少、價值越高。例如：

2,000 雙的球鞋售價設定為 19,800 日圓。

300 雙的球鞋則設定為 34,800 日圓。

每當有鞋款上雜誌，公司電話便響個不停，300 雙球鞋在一天內賣光的情況屢見不鮮。

除了與雜誌合作的價格策略，我們還採取了其他店家無法模仿的「清倉策略」，以確保擁有市場主導權。例如 AIR ZOOM HAVEN 與 AIR ZOOM SEISMIC 的鞋款獨獨在日本受歡迎，在美國賣得不好，Nike 甚至將其歸類為 Close Out（特價

品），以低價在 Nike 內部零售系統出售，價格甚至比批發價還要低 50～65%。

John 每天都會使用好幾個帳戶去巡網站的庫存，只要出現在特價區，我們便立刻進行「清倉（Clean Out）」，一口氣掃光所有庫存，讓這些鞋款在市場上消失。

這樣一來，當消費者在雜誌上看到這款鞋，唯一能買到的地方就只剩下我們 CHAPTER。我們不僅能掌控市場供應，還能完全主導價格，讓競爭對手無法輕易加入戰局。

為了進一步擴大市場影響力，我甚至從銀行貸款 2 億日圓，一次清空 2 萬雙 AIR ZOOM SEISMIC 的庫存，光是這款球鞋，我們最終帶進日本的數量高達 4 萬雙！

順道一提，John 會需要使用多個帳戶，是因為單一帳戶一次只能購買數千雙鞋子，這些帳戶都是借來的，因為他做人成功、善於社交，有非常多零售小店的朋友願意幫忙借帳戶，歸根究柢，終究是人際關係發揮了巨大的助力！

CHAPTER 2 號店誕生，創世界單坪業績紀錄

2000 年，我們在 Tower Records 澀谷店的斜對面開了 CHAPTER 2 號店，AIR ZOOM HAVEN 和 AIR ZOOM SEISMIC 的銷售量依然很大。就在開幕這年，我從造型師和批發客戶口中得知，明星歌手宇多田光將在 4 月發布新歌 MV，她會穿上白色

AIR ZOOM HAVEN。一聽到這個小道消息,我立刻聯繫 John,要他把全美國所有能買到的 AIR ZOOM HAVEN 全數掃光!

2 號店的店面僅有 4 ～ 5 坪,狹小的空間讓員工在接待客人時甚至需要站到門口,然而,小小的空間限制絲毫不影響生意上門,客人依然絡繹不絕。新進的球鞋一上架,幾乎都是秒殺。

根據媒體報導,截至當時,服飾業界「單月單坪業績」的世界最高紀錄,是 1999 年 9 月由澀谷 109 百貨的 EGOIST 創下的 1,650 萬日圓/ 16.9 坪,然而,在我們家 2 號店開幕的第一年 5 月,靠著 AIR ZOOM HAVEN 的強勁銷售力,我們單月營業額竟可達到 7,800 萬日圓,單坪業績高達 1,730 萬日圓,刷新市場紀錄!

從綜藝、書店找靈感,飛台灣搶買手錶

無論過去或現在,資訊的掌握至關重要,錯失關鍵情報,就等同於輸掉生意,從全球趨勢、地區市場到個別商品的動態,每一個層面的資訊都可能影響成敗。我每天都鉅細靡遺的蒐集資訊,從閱讀報紙掌握宏觀趨勢,到透過人際交流挖掘第

注 2:《ウンナンの気分は上々》(《小內小南的好心情》)的主持人為南原清隆與內村光良,這個節目是這個雙人組合早年的綜藝代表作,在台灣,小內小南較為知名的節目則為《火焰挑戰者》。

一手情報,我還會走進書店,觀察暢銷書的書名、標題,以分析當前的市場動向。**投入多少時間在情報收集上,將直接決定一個人能賺取的規模。**

有一件事,讓我深深的體會到雜誌與媒體的影響力有多誇張。當紅的綜藝節目《小內小南的好心情》希望製作一雙特製球鞋,透過寺門JIMON的引薦,我與主持人小內、小南(南原清隆與內村光良)會面(注2)。

見面時,兩人竟然都戴著當時超難入手的G-SHOCK「鯨豚」系列手錶。那時候G-SHOCK和球鞋一樣,都是搶手商品,市場價格往往超越原本的定價。我好奇的問:「這錶是在哪裡買到的?」沒想到,他們隨口回答:「台灣啊,那邊到處都有喔!」

這句話讓我和寺門JIMON面面相覷,完全忘了我們是來談球鞋的。「這下不得了啊,JIMON哥!」我當下就有衝動立刻飛往台灣。

會議一結束,我和JIMON打算直奔羽田機場,準備購買機票。儘管JIMON後來因工作無法同行,他仍然託我帶著400萬日圓,加上我自己的400萬日圓,我和同事三上一共帶著800萬日圓、滿腔熱血的飛往台灣,想看看能挖出多少價格2萬日圓的「鯨豚」系列。

抵達台北後,我們在飯店櫃檯詢問當地卡西歐分公司的地址,毫無耽擱馬上前往,用英文洽詢有哪些經銷商。結果,當地經銷商的數量比我想像的還要多,「就先去最近的一家看看

吧！」我和三上決定就近開始行動。

沒料到，才第一家店就讓我們挖到100支庫存，當然立刻全部買下。接著，我們走進一家連鎖店，店員相當熱情，表示可以從其他分店調貨。就這樣，才短短半天，我們便狂掃400支手錶，800萬日圓的預算瞬間見底。看著眼前「寶藏」滿滿，手上的銀彈卻已見底而沒法多買，我和三上都忍不住後悔：「早知道就帶更多現金來！」

只是這次的算盤打錯了，我們滿載手錶回到日本，原以為市場價格會上漲，沒想到反應卻不如預期。「天啊，我們投了800萬，該怎麼辦？」我和JIMON哥商量後決定：「寧可小賠，也不能拖太久！」

我們最後以每支22,800日圓的價格售出。進價是2萬日圓，加上機票和飯店費用，扣除這些成本幾乎沒什麼賺頭，幸好，這400支手錶在短短幾天內就全數售罄，沒有造成庫存壓力。

然而，令人始料未及的是，次月《Boon》和《streetJack》雜誌相繼推出「鯨豚特輯」，手錶的市場價格瞬間又飆升至4萬5千日圓。看著暴漲的行情，我和JIMON哥不禁捶胸頓足：「如果晚點賣就好了……」

這件事再次印證了雜誌的強大影響力，也讓我們深刻體會到：媒體一報，價值就高，媒體的宣傳賦予球鞋不一樣的價值意義，**鞋子不是單純「將本求利」的定價買賣，而是以市場炒作決定價值。**

可以說，我們是第一批將球鞋市場化、賦予更高價值並成功銷售的生意人，當年在日本之外，這種銷售模式幾乎不存在，後來這股風潮被稱為「Sneaker Culture（球鞋文化）」。

另一方面，美國的球鞋市場則是在 2000 年前後開始有不一樣的發展，Flight Club 的創辦人 Damany Weir 看準 CHAPTER 的銷售模式，在美國創立了這個球鞋交易平台。他專門將 Nike 日本限定款（Concept Japan，簡稱「CO.JP」）引進美國市場，提高價格賣出。

Damany 最初在華爾街開設第一家 Flight Club，店鋪面積僅 5～6 坪，球鞋整齊的排列在牆上，風格與 CHAPTER 的初期店面極為相似。他每次來日本，都會精選熱門鞋款帶回美國，每趟至少帶回 200 雙。

這樣的商業模式，也是球鞋市場蓬勃發展的起點，而我們，都是這場變革的先驅者。

打開 Nike 的大門：開創全新商業模式

在 1990 年代，上野匯聚了許多知名店鋪，以規模論，的確是日本球鞋市場的一級戰區，各大運動品牌也將重心放在這一帶；當我們的 CHAPTER 選擇在原宿開店時，adidas 與 Puma 根本不以為意，沒有把我們放在眼裡。

唯一對 CHAPTER 表現出興趣的是 Reebok 的業務負責人

伊藤輝希。他幾乎每天都來店裡，有一次在喫茶店喝茶時，他突然對我說：「要不要一起做點什麼？」於是，1999 年，CHAPTER 首次成為 Reebok 的正式經銷商。我的第一筆進貨額僅 17 萬日圓，數字不大，卻是我們取得大品牌正規授權的起點。要知道，平行輸入業者向來被品牌視為市場上的敵手，根本沒有人想過品牌會正式授權 CHAPTER 進貨。

對我來說，這無疑是「奇蹟發生了！」，而對伊藤先生而言，這也是一次大膽的挑戰。本書在日本出版時他已是 Deckers Japan 的代表，我們當年為 Deckers 旗下的兩個品牌 Hoka One One（現已簡稱 Hoka）與 UGG 帶來可觀營收，保持著長久的合作關係。

開始銷售 Reebok 的官方產品後，我看到更多商機，並開始思考全新的商業模式。當時 CHAPTER 的熟客之中有不少 Nike Japan 的員工，有一天，我們的房東來到 CHAPTER 1 號店，並介紹設計師兼歌手藤原浩(注3)給我認識。此後，我一直在想可以怎麼與藤原先生合作，於是我先向店內常客、同時也是 Nike Japan 的員工松下先生提出一個構想：「我想開一家非平行輸入的店，是否能取得 Nike 的正式授權？」

注 3：藤原浩被認為是 80 初期引進年輕人次文化的先鋒者，千禧年後名氣更響，其品牌 fragment design 是各大品牌在日本市場聯名的首選對象，被譽為潮流教父。

松下先生起初有點遲疑,畢竟這是個大膽的提案,但最後他笑著說:「你們這麼多年來一直在賣 Nike,應該能幹出點有趣的事吧!」就這樣,Nike 破例為我們打開大門,雙方展開正式合作。現在回想起來,能夠做出這種決策的 Nike,確實擁有獨特的前瞻眼光。最終,Text Trading Company 成功獲得 Nike 的官方經銷授權,讓 CHAPTER 進入全新的發展階段。

2000 年,我們成立了「Teos」,隸屬於 Text Trading Company 的關係子公司。這個名字源自古希臘城市 Teos,位於今日土耳其的愛奧尼亞,當地有美麗的神殿與劇場遺跡——我妹妹以此獲得靈感,希望創建一家「宛如劇場般展示各種物品」的公司。我也認為,既然能邀請藤原浩先生參與,與其專賣球鞋,不如嘗試結合服飾銷售。

我讓妹妹負責 Teos 的營運,她畢業於多摩美術大學,對色彩與潮流的敏銳度比我更高,擔任設計師再適合不過了。況且那時候 CHAPTER 的業務已讓我忙得不可開交,根本無暇分心管理新事業。

atmos 的誕生與路線調整

2000 年 6 月,Teos 旗下的「atmos」正式誕生。店名與 LOGO 皆由藤原浩發想,靈感來自英文「atmosphere」,象徵「如同大氣層般,成為理所當然的存在」。由於對應 Nike 的

正式窗口是 Text Trading Company，因此 Teos 仍必須透過這個管道批發 Nike 鞋款，atmos 的營運也就此開啟。

atmos 1 號店開設於原宿，店面約 15 坪，不同於 CHAPTER 的專長是賣各種平行輸入商品，atmos 則專心經營官方授權產品。店內採極簡風格的設計，藍色與灰色的牆面上釘了 55 個格子，每個格子展示一雙球鞋，並與自家原創服飾搭配陳列。

這家店甚至沒有掛招牌，唯一的標誌是妹妹親手繪製的外牆畫作。有趣的是，某天，知名塗鴉藝術大師 Futura (注4) 路過店門，被這幅畫吸引，乾脆直接在畫上又創作了一幅塗鴉，讓這面牆成為名符其實的街頭藝術（Street Art）。此外，店內播放古典樂，玻璃門刻意設計成手動開關，而且超級重——一切細節像是宣告著「我們設了門檻」，在在展露出這是「一間挑客人的店」。

然而，這跟我向來的作風大相逕庭。我這個人是業績至上，只要好賣就想大量進貨，相較之下，atmos 反而是一間呈現藤原浩世界觀的球鞋店，首要目標不是衝銷售量，而是打造店裡的氛圍。但我認為這種商業哲學是無法賺到錢的，畢竟鞋類零售的成本門檻不低，從 23cm 的鞋子起跳，必須以每半號（0.5cm）為單位進貨，庫存風險極高。因此管制銷售量的做

注 4：Futura 本名 Leonard Hilton McGurr，出生於 1955 年，是紐約街頭塗鴉藝術 (Graffiti) 的先驅，從 80 年代至今，將街頭藝術與精品時裝結合成功的藝術家之一。

法，並不適合我們這種做球鞋生意的商人。結果跟 CHAPTER 比較，atmos 一開始並沒什麼盈利。

包含店面設計風格也是如此，我並不擅長用這種小眾的經營哲學來做生意。就在 atmos 開幕沒多久，我和藤原先生就因

剛開幕時的 atmos。

藝術家 Futura 的畫作。

為理念上不合拍，選擇分道揚鑣。

　　我們曾將自家的原創服飾批發至各大選品店（Select Shop），當時 atmos 已經不算單純的球鞋專賣店，更像是一個服飾品牌，妹妹設計的衣服比我預期的還要受歡迎，讓我意識到品牌經營的更多可能性。

　　在 atmos 第一代店長今井崇的協助下（他同時也是嘻哈團體 GASBOYS 的前 MC、主要的饒舌擔當），我們成功拓展了與音樂圈的聯繫。他為我們牽線音樂界的人脈，包括「Swagger」的 IGNITIONMAN 與 BIG-O（Shakkazombie 的 MC）、「MACKDADDY」的日下部司（雷矢的貝斯手）、「realmad HECTIC」的真柄尚武（MASTERPIECESOUND 的 DJ）等人，彼此變成了朋友，這些合作不僅帶來了人氣，也讓 atmos 有了更多聯名企劃的機會。

　　另一方面，CHAPTER 在周末去擺攤的跳蚤市場，在 2000 年的規模開始急速衰退。1999 年 9 月，「Yahoo! Auction（雅虎拍賣）」的推出讓許多店家轉向經營網拍，現場來客數明顯減少。更關鍵的是，市場開始變得無聊、缺乏新鮮感，消費者開始膩了。我當時心裡有一種衝動：「想做些更有趣的事！」於是，在 2000 年，我創立了「Chapter World」網站。

　　雖然當時的網路購物尚未普及，電話訂購仍是主流，但這個網站不僅提供線上購物，還設有部落格，定期發送球鞋資訊，盡可能的吸引更多粉絲。

世界首次！與 Nike 合作 Air Force 1 訂製款

　　Nike 是一家充滿自由風氣的公司，雖然如今已發展成為全球巨頭，這種自由文化略有淡化，但在當時，他們的團隊活力洋溢。正如本書開頭提到的，曾有品牌原廠視我們為眼中釘，甚至放話：「我一輩子都不會開帳號（指授權）給你們這些平行輸入店家！」然而，Nike 沒有這種偏見，靈活的順應市場需求而走，我一直覺得這正是 Nike 能成為市值 5 兆日圓企業，而另一家品牌仍停留在 3,000 億日圓等級的關鍵差異。

　　我喜歡 Nike 這種自由的精神，並下定決心要好好銷售 Nike 商品！

　　當時美國最大的運動連鎖店 Foot Locker，以及第二把交椅的 Foot Action，都有獨家推出 Nike 訂製款球鞋，這些款式是「鞋頭（Sneaker Heads，指重度愛好者）」趨之若鶩的夢幻鞋款。然而，Nike 在選擇這種獨家款的合作對象時，通常只和具備一定銷售規模的連鎖店合作，這是很合理的政策，畢竟 Nike 優先考量的是「量大於質」，既然是獨家訂製款，都是採「壟斷樣式」做法（該鞋款絕不會給其他店販售），像 atmos 這種個體戶小店，無法吃下大規模的訂單，想推出自己的 Nike 訂製款，聽起來就是痴人說夢。

　　但就在 atmos 開幕不久，我認識了 Nike Japan 的 Marcus Tayui，我們很快成為朋友。他是一個有點奇特的人，對我的

個性與經營理念特別感興趣。有一次，他開心的對我說：「你們能拿到 Nike 經銷，真的太好了！」

某天，我們在咖啡館聊天時，我對他說：「我想做些更有趣的事，我們是小店沒錯，但也想要做 Nike 的訂製款！」本以為這個想法會被直接打槍，沒想到 Marcus 隨手遞給我一枝鉛筆，笑說：「那麼，你先畫個草圖看看吧！」

哇！我原以為他會說：「atmos 還沒什麼成績，絕對不可能啦！」但他卻讓我自己畫圖，這讓我感到半信半疑。其實我早就構思過，「如果把『Terminator』的喬治城配色套用在 Air Force 1 上，肯定會熱賣！」於是，我一邊構思，一邊在影印紙的背面開始畫設計圖，並自言自語：「這部分長這樣，那邊應該調整……」

最後，我畫出了一雙 Air Force 1 的設計圖。除此之外，我還希望能再做一款顏色相反的版本，於是我問 Marcus 有沒可能讓相反配色也來一款。但 Marcus 笑說：「生產配額已經確定了，Air Force 1 只能有一款。你要另一款的話，就選別的型號吧！」

我當下馬上說：「那相反配色的就用『Dunk』吧！」Marcus 毫不猶豫的答應：「OK！OK！」最後，他輕描淡寫丟下一句：「夢想要實現囉！」便轉身離開。

大約 1～2 個月後，有一天早上，我的手機響了。是 Marcus 打來的。「本明，能來辦公室一趟嗎？樣品鞋已經完

成囉！」

那一天的畫面，至今仍令我記憶猶新——在空無一人的 Nike Japan 辦公室，我第一次看到了樣品，超乎想像的完美，完成度非常高。我說：「哇，這款肯定會大賣的啊！」Marcus 也說：「我也這麼認為。」

Nike「Air Force 1 atmos」訂製款。

Nike「Dunk atmos」訂製款。

「可是這百分之一百會被公司拒絕吧？」當我垂頭喪氣時，Marcus 說：「別放棄呀！我已經有辦法，下訂數量的最低門檻要 3,000 雙，你先列出各尺寸的配量（Assort）。」他交給我一張紙，我很快寫下 Air Force 1 與 Dunk 各 3,000 雙，總共 6,000 雙的配量，然後 Marcus 就在一旁電腦上，開始輸入各個尺寸的數量。

過了一會兒，螢幕上顯示出「confirmation（確認）」的字樣，這代表訂單已經通過了。但 Marcus 立刻說：「這不能留下紀錄，先都刪掉吧！」他把訂單紀錄給刪除了。我問著：「這樣做沒問題嗎？」Marcus 說：「沒事、沒事！但是一定不能告訴別人喔！然後既然已經下訂了，絕對、一定要全部買斷喔！」經過溝通，我們有共識後就解散了。

就在幾個月後，未列在訂單紀錄裡的 6,000 雙球鞋就這樣到貨了，想都不用想就知道是之前那一次「搞的鬼」。我被傳喚到 Nike Japan 的辦公室，幫我們開設授權帳號的松下先生大發雷霆：「你們這群傢伙！到底想幹什麼？這可不能鬧著玩耶！」火力全開，整整 3 個小時我被罵得體無完膚。但同時，松下先生也似乎敏銳的感覺這些鞋子會熱賣——

當我回答：「我會負責任，全部都採購。」他卻馬上打斷我：「這可不行，我們也要賣！」

最終的分配是 atmos 分配到 3,600 雙鞋，Nike Japan 拿了 2,400 雙鞋。我暗自在心裡大喊：「爽耶！」然後跑去跟

Marcus 抱怨:「都是你啦!害我被罵了 3 個小時。」Marcus 則豎起大拇指說:「就說吧!夢想這不就實現了嗎?」

經過這番曲折離奇的波折之後,終於在 2001 年 5 月,atmos 所提案配色的 Air Force 1 和 Dunk,用「CO.JP(日本企劃)」的名義發售了。atmos 這麼一家迷你的小店,成為 Nike 的例外,是它們與大型連鎖店之外第一次合作推出訂製款的單位。

我認為 atmos 之所以能成為被 Nike 認可、堪稱世上少有的合作「小夥伴」,就是因為我們是第一家以小店完成這項創舉的個體戶。從那時起,Nike 的作風也有所改變,開始重視「質大於量」,並且陸續推出了多個訂製企劃和聯名款式。

饒舌文化助攻,讓動物系列起死回生

Air Force 1 和 Dunk 的熱賣,讓 Nike Japan 更正式的找上門來,主動找我啟動新的訂製項目企劃。可以說,只有 Nike 願意敞開心胸、借助我們這種「外界的力量」,以追求在設計上所有突破的可能性。

當時獨占鰲頭的球鞋款式都是 Air Force 1 和 Dunk 這種「球場型」(打籃球、網球時會穿的鞋子)的球鞋為主,Air Max 則是跑步類型的鞋款。在 1997 年,Air Max 95 被復刻重新發售,這個策略卻反而讓熱潮降到冰點。這是因為,在現代

聽到「復刻」二字往往會引起熱烈迴響，但太快推出復刻，則會被認為只是不停複製的仿製品（Replica）。市場就是如此難以捉摸！但也由此可見 Air Max 已逐漸被淘汰，消費者感到厭倦了，因而，atmos 新的訂製款所被賦予的任務，就是要復興 Air Max！

我們提出的建議是，將 Air Safari 的 Safari 圖紋（靈感來自鴕鳥皮和鴕鳥羽毛）套用在 Air Max 1 上。這是我個人非常喜歡的圖紋，我知道只要一推出很快就會賣光。

每個年代有屬於當下的流行趨勢，但我認為以球鞋來說，無論在任何時代，總有一些不變的本質樣貌，如果能巧妙的將主流商品與趨勢結合，就有熱賣的潛力，但若是不了解本質為何，就無法真正挑選出大眾喜愛的商品。

我認為這也是一種熱愛球鞋的基本感覺，我就是憑著這種直覺，認為只要套上 Air Safari 的配色，就會賣得很好！

如果只是直接套用也太無趣了，因此我提出了「想要改變外側與內側勾勾（Swoosh）顏色」的想法，但對大品牌的設計規範來說，動到 LOGO 是 NG、會被打槍的。不像現代的設計有很大的彈性空間，大家或許無法想像，當年有一堆限制才是常態。

我拜託 Nike Japan 的負責人：「可以啦！讓我試試吧！」在我半強迫的說服之下，在 2003 年 3 月發售的最後完成品，就是外側為橘色，內側為綠色勾勾的 Air Max atmos 1 Safari。

果然，atmos 的訂製版又大受歡迎，也因為這層關係，衍生出了好幾個其他的訂製企劃。

　　Nike Japan 的人也常來 atmos 或 CHAPTER 逛逛，每次總會聊到「哪種顏色或圖紋會熱賣呢？」跟 atmos Safari 同樣在 2003 年推出的，是以 Air Max 1 和 Air Max 95 為基礎的「Bio Tech」配色；並在 2004 年發售了 Air Max 95 的訂製款「Rainbow」配色。無論哪一款，銷售情況都非常好！

　　其實，我認為要和美國企業 Nike 合作，也需要某種程度的「隨便」，如果每個細節都想要堅持己見、無法變通，就不可能做出有特色的訂製鞋款。正由於企業的分工制度，我們深刻體會到懂得尊重個人的工作內容是很重要的，這也是當時 Nike Japan 負責 atmos 的業務窗口高見薰小姐跟我們分享的肺腑之言。

　　大約在 2004 年，我剛好閱讀了約翰・艾文（John Irving）的《還熊自由（Setting Free the Bears）》（日文版由村上春樹翻譯），故事背景描述在深受第二次世界大戰影響的歐洲，兩位年輕人一起出錢展開了摩托車之旅。在旅途中麻煩接踵而來，其中一位在摔車事故中不幸身亡，在他遺留的日記中，記載著他目擊了維也納動物園虐待動物的情況。主角繼承了死去青年的遺志，前往維也納，只為了解放動物！

　　我就是受到這本書的啟發，動腦筋想要將動物圖紋運用在球鞋上。儘管動物紋運用在內褲上是很常見的設計，但要用在

球鞋配色，在當時被認為是超級異想天開的創意！我自以為是的想：「動物圖紋的內褲都能賣這麼好，球鞋肯定也能賣得好吧？」於是，我在鞋身上，把豹紋、虎紋、牛紋和斑馬紋這些動物的圖紋配在一起。

2005 年，我們發售了動物系列──atmos Animal Pack 的 Air Max 95，一開始生產了 3,000 雙。當我看到樣品時，完成品好到讓我覺得：「我根本是個天才！」誰知道正式上市的時候，根本賣不出去啊！好不容易用了足足兩個月才勉強賣光。也因為這件事，讓我再次受到 Nike Japan 的抨擊，成為眾矢之的。說真的，我很有自信可以熱賣，為何會賣不好，這一點當下讓我百思不得其解。

然而過了一陣子，奇蹟發生了！在美國，好幾位知名饒舌歌手的腳上都穿了 atmos Animal Pack。正是這種動物圖紋、天馬行空的設計吸引了他們的目光，就這樣，這款鞋被明星加持後價格漲到 700、800 美元，最終甚至上漲到 1,500 美元！

於是，Nike Japan 開心的收到這消息之後，也「翻臉來認人」。就這樣，我們再次使用相同概念，設計了在隔年發售的 Air Max 1 Animal，這個動物圖紋讓人留下強烈印象，成為 atmos 最早創意圖紋的代表作之一。

順道一提，造就動物圖紋系列的源頭，是 2001 年秋季發售的米色與粉紅色的 Air Force 1，俗稱「豬豬 Force」的鞋款。這是我從喬治・奧威爾的小說《動物農莊（Animal Farm）》

Air Max atmos 1 Safari

Nike 和 atmos 合作的 Air Max 95 atmos Animal Pack

得到靈感、所提案的配色設計。

　　從我們第一次製作 atmos 的訂製款開始，Nike Japan 也開啟他們自己的企劃，一步步擴展訂製的範圍。在這個時期我們會使用「別注（特別訂製）」這詞彙，意思是將不同元素結合在一起，類似現今我們說的聯名。在聯名概念還沒有過度氾濫的年代，只要說是「特別訂製」，不管是什麼商品，

都可以熱銷一空。雖然 Nike 告知我們希望推廣的是「atmos Design」這說詞，但是「別注」卻被雜誌廣泛使用，成為獨樹一格的詞彙。

在這個時期，只要公告發售日期，熱情的球鞋迷會在當天開始排隊買定鞋款，這也是「買球鞋需要排隊」的起頭。我們會安排 4、5 工作人員，一個在店門口指揮交通，其他工作人員在店內協助顧客試穿，每一位員工能夠賣出約 200 雙左右的鞋子。每天靠人力銷售，一家店約 800 雙是極限，在還沒有網路購物的年代裡，非常辛苦，但我們在店裡能感受到顧客滿滿的熱情！

從市場暢銷元素，提煉「新鮮的親切感」

2006 年發售的 Air Max 1 atmos Elephant 可以說是 atmos Animal Pack 的續集。在此之前，坦白說，我是憑個人喜好來設計，但就像 Air Max 95 Animal 的經驗一樣，我原以為會迅速完售，結果也未能立即賣光。從這兩次前車之鑑，我意識到如果加入另一個人的創意或許會更好，於是，我決定讓 CHAPTER 店員出身、擅長數據分析的小島奉文參與設計，他很清楚什麼元素可以暢銷。

小島於 2001 年從文化服裝學院畢業，在正值裏原宿熱潮巔峰的時期加入我們公司，以他對流行文化與球鞋的熱愛，以

及在原宿的人脈,具有情報靈通的優勢,很快就能掌握市場脈動。我非常欣賞他,並告訴他:「你自己喜歡的東西我都會買單!但不要只做你自己喜歡的,關鍵是要設計能引領流行、讓大眾喜歡的產品!」

小島(左)與我,攝於 2007 年。

Nike「Air Max 1 atmos Elephant」

當時小島注意到 Air Jordan 3 熱賣，於是提出構想，將其經典的「爆裂紋（Cement）」作為設計主軸，套用至 Air Max 1，並以大象淋浴的畫面為靈感，選用我們稱為「Jade Color」的水藍色勾勾。

小島擅長從市場行銷分析之中挖掘熱賣元素，並將不同的元素重新融合。他很懂一個道理：**那些真正暢銷的商品往往簡單易懂，能讓人感到「好像似曾相識耶」**，才是具有親切感的好東西，這也是讓人願意掏錢買單的一大關鍵。

小島設計的 atmos Elephant 在 2016 年 Nike 主辦的「Air Max Day」活動中，被選入歷代 Air Max 的 TOP 100，更在全球線上投票榮獲第一名。

Air Max Day 是一個紀念 Air Max 於 3 月 26 日誕生的年度活動，自 2014 年起，每年 Nike 都會推出特別版鞋款，每當這個時候，廣告會透過 Instagram、Twitter 等社交媒體，迅速傳遍全球。atmos Elephant 在這場全球賽事中大獲好評，而 Air Max Day 也成為 atmos 的一個象徵。

全球尋寶：以稀有品鞏固競爭優勢

為了幫 CHAPTER 採購，我一天到晚出國，護照很快就被蓋滿印章，因此我選擇申請費用較便宜的 5 年期護照，並另外增加了 20 頁，但由於每本護照只能加頁一次，所以大約只能

使用兩年就沒地方蓋章了。我在世界各地奔波，不是飛出國，就是在飛往海外的路上，以至於不論去哪個國家，都會遇到海關因為那蓋滿簽證的護照對我產生懷疑。

我也時常造訪東南亞。記得有次去泰國的夜店，當地女孩主動靠近搭訕：「請你喝杯可樂吧！」等我喝完可樂，她們又會說：「讓我看看你的飯店鑰匙。」她們會記住房卡上的飯店名稱和房間號碼，然後晚上不停來按門鈴，吵得人沒法睡。為了避免這種困擾，我選擇入住一晚要價4萬日圓的東方飯店（ORIENTAL HOTEL）。這家飯店的價格現在已經翻倍，當時只有它的保全夠嚴格夠周全，才能讓我安心入睡。

東南亞和美國不同，雖然有部分地區治安很差，但我卻常常能在此發掘到稀有球鞋。通常貧富差距越懸殊的國家，越容易找到品牌清倉的庫存，因為這些地方往往是品牌最終的清貨終點站。

回溯到1990年代CHAPTER經營二手服飾時期，我曾與買手「三劍客」的領頭安田前往泰國與柬埔寨交界的地區。當時柬埔寨是亞洲最貧窮的國家之一，有大量來自世界各地的二手衣物流入當地，雖然大部分都是不能賣的「垃圾」，但偶爾也能挖掘出罕見的寶物，於是我們親自前往尋找。

安田一直很照顧他在泰國的助手。我們到助手家時，發現角落堆滿一座座依照安田指示收集來的二手衣物小山。原本我們只打算帶助手一起去吃晚餐，結果安田卻說：「不不不，他

的家人也要一起帶去！」於是我們請助手的全家大小都去吃一家頗精緻的餐廳。關照下屬的同時也照顧他的家人，這似乎是與泰國人打交道的工作文化。

當時的柬埔寨被視為法外之地，對環境不熟的日本人只要一踏入就有各種風險，我們也會怕、不敢直接過去，只好選擇從泰國入境，最多就到柬埔寨的邊境附近而已。

在柬埔寨，輸送帶運送著來自世界各地的二手衣物。大量被丟棄的衣服從 40 呎貨櫃中「啪～」的傾瀉而下，倒落在輸送帶上，T-Shirt、牛仔褲，甚至內衣和襪子等雜七雜八的東西堆成一座流動的服飾山。數量之龐大，讓業餘的人根本無從下手，專業的同業會安排專人一起分工──有人專挑 T-Shirt，有人負責找牛仔褲，大家眼明手快的從輸送帶上各自挑揀。

安田曾派他的助手過去，只鎖定品質良好的 T-Shirt 及 Levi's 501 牛仔褲。現在這年代要從 40 呎貨櫃中找到一兩件有價值的商品已經很困難，但在 1990 年代，可是能挖掘到不少寶物呢！

有時我也會獨自去歐洲找鞋。例如去丹麥的哥本哈根，會有其他日本買手同行，但當我往北、前往瑞典的斯德哥爾摩或挪威的奧斯陸時，往往只剩下我一個日本人。我搭火車移動，在較大的城市下車，再前往當地小店及大型量販店進行地毯式的搜索。

「我想要看看地下的倉庫！」如果正好在昏暗的倉庫內發現心儀的球鞋，我會馬上將貨物寄回日本。記得有一次，我正

好碰到麥可‧傑克森（Michael Jackson）的北歐巡迴演唱會，找不到飯店住宿，在斯德哥爾摩好不容易才找到一間合租房。我和5個素昧平生的印度人共住一室，當時身上帶著高達500萬日圓現金的我，怕得不得了，整晚緊張兮兮，根本沒法睡。

順帶一提，日本護照在國際間的信賴評等極高，除了北韓，多數國家都可輕鬆入境，護照在黑市可以賣到高價。我當然不會去賣護照，只是在酒吧裡也常碰到外國人來試探：「有沒興趣把護照賣給我？」當時行情約在 3,000 至 3,200 美金，就我所知，的確有為了錢去賣護照的人，他們賣掉後再到日本大使館重新申請，並反覆操作。像這種小道消息，只有在混亂的夜晚街頭，與當地人或同行天南地北的開聊才會聽到，「現在最流行的是這個……」、「到這裡就能挖到好賣的鞋」、「這樣操作能賺一票」，這些情報都是在夜生活中一邊逍遙一邊學來的。

我要再重申，**如果你真心想在商場上有所成就，就要把情報當作生命！**

如今我早已不再出入夜店，但每天仍會碰到來自五湖四海的人，我喜歡與人交流，每一天至少會與5、6人面對面交談，我很少用線上會議，線上聯繫固然方便，**但如果不是面對面說話，會錯過許多看似「無關緊要」卻蘊含賺錢提示的訊息！**那時沒有社交網路，所有情報都是親口相傳，很難造假，面交面獲得的情報真實性極高；反觀在當今資訊氾濫的時代，諷刺的

是可靠的消息卻變得越來越少，因此我仍會盡可能與人面對面交流。

從以前到現在，我始終相信「人脈」才是生意成功的關鍵。也因為常在咖啡店或喫茶店談生意花了不少錢，我曾乾脆在原宿店的地下室開過 atmos Cafe，雖然最終以失敗告終⋯⋯（苦笑）。

每省下一分錢，就多賺一分錢

左右生意好壞的關鍵之一，就是如何讓營業額最大化，同時在其他地方創造利潤，商業的終極目標不就是「如何留下更多的錢」？自從創業以來，我一直在思考哪些成本會限制公司的發展。

例如，當時在雜誌上刊登郵購廣告，廣告版面大約佔三分之一頁，印有小小的球鞋照和價格資訊，這種版面俗稱「三分之一廣告」，售價為 45 萬日圓。CHAPTER 也曾在雜誌登過廣告，但若能讓編輯部第一時間收到他們想要的球鞋，並在版面上介紹出來，效果絕對會比單純買廣告更好。另外，若自己辦理通關手續只需支付 1 萬日圓手續費，而委託代辦業者的 3 萬，中間的差價就是能省下來的成本。貨物運輸則選用最便宜的近鐵貨運，在某些地區甚至連郵局的運費都更低。

總之，我徹底研究過各項費用的差異，**我不只把這些價差看作節流，而是視為額外的收入。**若不注重、累積這些細節，

生意就難以長長久久，不過我想並非所有公司都會這麼龜毛。

　　從海關將貨物送到原宿時，如果一次進貨量太大，連廂型車也裝不下，就必須在當地找大卡車，將貨物運送到位於千駄谷的辦公室兼倉庫。我們會在停車場向那些送貨到機場的大卡車司機大叔詢問：「回程有沒有載貨？」就算答案是否定的，我也會繼續跟他們談：「1 萬圓，可以幫我把貨送到千駄谷嗎？」根據貨物數量，卡車司機通常會收取 1～1.5 萬日圓的費用；而如果委託航空公司，則需花費 2 萬 5 千，每次至少能節省 1 萬日圓。若每周送貨 3 至 4 次，每月累計至少可「多賺」12 萬。如今甚至還有配對 APP，可以幫忙找到那些閒置的「野生」大卡車。

　　大卡車一抵達千駄谷後，三上便與我一起卸貨進入倉庫。當時還沒有電腦或用 POS 系統來管理營業額與商品銷售數據，我們便用紙製表格記錄產品編號與尺寸，設計成 3×6 的空白圓圈，用來記錄庫存管理。例如，若 27 公分的鞋子進貨 3 雙，就會將那 3 個空白圓圈的其中一半塗成黑色；一旦銷售出去，再將剩餘的半圈填滿。我們每天忙進忙出，有時一忙會忘記更新紀錄，即使有一兩雙鞋被偷，往往也沒有人注意。

　　當時使用信用卡的人很少，大部分交易都是以現金結算。現金累計到約 200 萬就會塞爆收銀機，此時我們要盡快把多的現金倒入塑膠袋。後來信用卡銷售額佔比已達 60～70％，員工直接接觸現金的機會越來越少。如果你問我現代與以前年代

最大的差異,我想答案就是「有沒有實際接觸金錢」。

現金交易,會要求店員仔細清點收入,收銀關帳時常常會出現現金不一致的情況,就算只有 1 日圓不符,也必須徹底查明原因。

正是因為我年輕時親手碰過很多現金,每當看到記帳本上的數字,就會想起現金的觸感,實際接觸過,就會開啟一個人感覺「**做生意真好玩**」的開關。

然而,我始終相信,**生意的命脈在於現金流**(Cash Flow)。雖然我不常看預算表,但每天必定檢查管理進帳收款的現金流表,何時、從哪裡、會入帳多少?這些數字我都全權掌控,我很清楚知道純資產、負債、資產、短期借款、長期借款以及現金的數字。

左:atmos NY 店店長 SUN。右:小坂。

預測風險的唯一方法，就是觀察現金流。即便試算表上顯示有利潤，但如果那只是商品庫存，手頭現金反而可能耗盡。因此，在這二十多年來，我每天都與現金流作戰，當現金不夠，無論想做什麼事一切都無法起頭。這些經驗並非我從一開始就懂得，而是在經歷了一連串「哎呀！如果不這樣做，公司恐怕無法運轉！」的艱辛後，才逐漸領悟到的。

用人哲學：來者不拒，去者不留

在 2000 年，A BATHING APE 發表了原創設計的球鞋「BAPESTA」，這成為一個開端，接著日本國內的獨立球鞋品牌如 VISVIM、TAS、MADFOOT！和 UBIQ 也陸續崛起。

2001 年，我與今井、真柄一起，3 個人一起創立了「MADFOOT！」。當時我們還幫忙日本高級服飾品牌 VISVIM，幫它的最初款式「TWOMBLY」籌措生產費用。我們積極參與，更借力使力、在店內大力推廣。至此，平行輸入作為主流商業模式，在這一時期產生了新的變化。

以上無論哪個品牌，都擁有與現有產品截然不同的原創設計，加上生產數量遠低於大廠品牌，充滿了限量感，因此迅速席捲街頭。隨著雜誌報導不斷增加，每一款都是剛發售就馬上售罄，這正是本土球鞋品牌潮流席捲全球的時代！

隨後，我們於 2002 年成立了 UBIQ，作為 Text Trading

Company 的原創品牌。UBIQ 的意思是「無所不在」，取自單字 Ubiquitous，這是由 John 想出來的名稱。設計師小坂智之於 2000 年加入我們公司，成為第六位員工。根據小坂說的，他在讀廣島大學時就經常透過郵購買 CHAPTER 的商品。我第一次見到他，是在他來應徵工讀生的時候，當時他腳穿 Foot Locker 限定配色的 Air Terra Humara，我當場就決定錄用他，心中暗想：「這傢伙穿了一雙小眾鞋款！」

即使出社會已經幾十年，我現在仍認為不試用就無法真正了解一個人。**我們公司的面試原則是「來者不拒，去者不留」**，反正大家在面試時總是說盡好話，僅靠面試無法看透一個人的資質，面試與實際工作起來往往相差甚遠，是否對這份工作產生熱情，最終還是取決於個人。因此，即便面試表現平平，只要懷有熱情，最終都能勝任工作。

在店裡擔任銷售員的小坂，字寫得很漂亮，庫存管理也做得極為踏實，他甚至把櫃檯後方的庫存品照型號和尺寸從大到小整齊排列，簡直有強迫症似的一絲不苟。他認真負責，身上有一種濃厚的職人氣息。

我有一種信念：「產品生產，必須做事超級認真的人才適合！」我決定把 UBIQ 的設計交給小坂。有一天，我找來小坂對他說：「要不你來試試做設計？」小坂完全沒有設計經驗，看起來也有點困惑，但他還是回答：「我願意試試看！」

在中國工廠朋友的幫忙下，小坂一年內有一半時間會待在

中國，投注所有心力設計球鞋。我對他的要求僅限於「側面要好看」和「鞋子要有份量感」。現在輕量的鞋子賣得比較好，但那時候正相反，必須具備厚實感，拿在手上沒有一點重量是賣不出去的。只要鞋子側面夠好看，擺在店裡就能吸引顧客拿起來細看，而那一刻，鞋子略顯沉重便能營造出一種奢華感。

即使放到現在來看，當年 UBIQ 的許多設計仍舊很出色，其中最受歡迎的款式是 FATIMA，其鞋口兩側可反折的細節令人驚艷。實際上，這細節的靈感來自 1950 年代 Converse 鞋款。我們曾在美國的運動鞋店地下室發現一些已經沒法穿的鞋款，買來作為樣本，然後為這些款式設計新生命。在全盛時期，UBIQ 每年能生產 5 萬雙，而且幾乎全數售罄。

然而，這波日本的球鞋熱潮大約在短短 4 年後終結。說到底，只在國內銷售終究有天花板，明明早該拓展海外通路，但包括我們在內的大多數品牌都忽略了這一點。

此外，最大的問題在於體感舒適度，雖然我們懂得設計外觀，坦白說對穿著舒適度的 know-how 卻一竅不通。那時候我深刻體會到，如果沒有像 Nike 的「AIR」這種讓人振奮的技術創新，球鞋作為潮流是無法長久維持的。

身處人生谷底時，弟弟在夢裡出現了！

從 2000 年左右起，CHAPTER 開始開放加盟，從大阪、神

戶、名古屋、青森、仙台,再到福岡等城市陸續開設分店,並在東京澀谷和高円寺等地增設直營店。全日本共有 10 家店,營業額在 20 億到 25 億日圓之間。

就算世界再大,能收集到的球鞋畢竟有限,我隱約感受到「25 億日圓左右可能就是極限了」。規模達到 20 億時,我明白這門生意必須靠著精算才能維持規模,要再擴大就十分困難。雖然如此,每年約 10％的利潤足以支付員工薪資,而我的報酬也遠超過生活所需,對此我已感到滿足。

就在這樣的日子裡,2005 年的某一天,東京國稅局稽查部突然拿著搜索令闖入公司。這是一場強制搜索,所有能找到的物品都被帶走,辦公室和住家頓時變成一片狼藉。這件事就是後來在網路上大肆報導的新聞「以裏原宿為據點、30 家以上的服飾業被控未申報所得,5 年間總額高達 4 億以上!」(刊登於 2005 年 12 月 1 日《朝日新聞晚報》)。結果每家公司都被追繳稅款,Text Trading Company 7,000 萬、大阪加盟店 3,000 萬、福岡加盟店 2,000 萬。

也許聽起來像是在找藉口,但我們並非故意逃稅,真的是財務計算上的失誤,然而,這下子瞬間讓公司的現金流急劇惡化,導致後續無法進行採購。我只好向母親和美國的 John 借錢周轉,想盡辦法總算度過難關。即便如此,為了只做自己掌握範圍內的生意,我決定清算過度擴張的 CHAPTER,把所有加盟店全部關閉,集中心力經營東京的直營店。

其實，在這段期間，作為我們銷售主力的 Nike 產品逐漸走下坡，營業額也開始放緩。過往偏向街頭風格的流行，隨著時裝品牌的加入，時尚趨勢開始走緊身褲等路線，曾幾何時大家腳上的焦點竟轉為皮製鞋。這無疑宣告一件事：以裏原宿潮流為代表的時代告一段落了！

由於 CHAPTER 長期只賣 Nike，我們被戲稱為「小 Nike 專賣」，為了填補這波空缺，我們開始銷售 Red Wing 和 Clarks。直到今日，澀谷一直是流行重鎮，在這裡有很多對趨勢敏感度極高的年輕人，他們穿什麼都會帶動銷售風潮；當年也是如此，受到木村拓哉的影響，想效法的男生紛紛開始穿起靴子，球鞋不再是唯一心頭好。

接著，我的災難一個個接踵而至。2006 年，我 38 歲時，被診斷出 C 型肝炎，必須接受干擾素治療。施打干擾素會引起發燒，每天到了晚上 8 點，我幾乎連站都站不住，但因為時差，我必須在深夜與 John 聯絡，因長期睡眠不足，每天都非常不舒服。就像一個訊號彈，身體出現第一個問題，其他部位的健康也跟著衰退，後來甚至罹患了糖尿病。體質變化，連頭髮都變得稀疏，光是吃飯都成了大問題，原本身高 185 公分、體重穩定在 90 公斤的我，竟然不知不覺掉到 47 公斤，體重幾乎腰斬了一半！記得有一次，我和父親去公共澡堂，當我站上體重計，聚精會神的盯著指針，父親幫我看了一眼，想必他當時對我那瘦骨嶙峋的身軀感到十分心痛。

父親移開目光,只輕輕說了一句:「這個體重計壞了啦!」

肌肉無力讓我變得虛弱,有一天一個裝球鞋的紙箱咚一聲掉落,因我無法支撐重量,左膝蓋骨折了。即使如此,我只擔心一件事:「打石膏之後還可以整理貨物嗎?」

我人生中的第三位導師,是在八王子的針灸醫院的佐藤八郎醫生,他非常關心我的身體,也總是鼓勵我。八郎醫生甚至為我治療不孕症,他也是我兩個兒子的乾爹。在接受八郎醫生的治療之後,我沉重的身體變得輕盈了起來。

另一方面,災難卻依舊持續,在 2008 年 9 月雷曼兄弟公司破產,公司所持有的房地產損失了 4 億日圓。那時,我有種被踐踏、並且被踹落到人生谷底的感覺。

我真的感覺我快死了,也開始胡思亂想:「這樣下去,不就是要我去死嗎?」就在某一天,過世的弟弟竟出現在我的夢裡頭,他的模樣已經長大成人,並且身穿某家裝修公司的工作服。「這是弟弟!」我一眼就認出他來,下一刻我心想他該不會是來接我的吧?

「哥哥,你還好嗎?你可要好好堅持下去啊!」

說完這句話後,弟弟就在遠方的某處消失了。我被弟弟一番話給救贖了,我知道必須連同弟弟的份好好活下去,於是我的情緒逐漸好轉,身體也漸漸康復,長達兩年與病痛奮鬥的生活結束了,如今我的肝臟也恢復正常。由於那一段日子無法好好工作,給公司夥伴帶來麻煩,Text Trading Company 在那兩

年，繳出了最糟糕的營業額成績單。

但在我鮮少出現在第一線的這兩年當中，員工們的分工合作變得更明確了，阿久津負責店面和員工管理、小坂負責庫存管理、小島則是擔當特製款的設計，而我專注於利用海外的人脈，想盡辦法把球鞋拉貨到日本來。

這個時候，人在美國的 John 開了新的球鞋店，一間是量販店的 Kicks USA，另一間是精緻類型的 UBIQ。Kicks USA 以費城和紐澤西為中心，漸漸開店擴張；UBIQ 則在費城和華盛頓特區開店面。Kicks USA 擁有 Nike 的 Top Account（經銷商的最高層級帳戶），最終擴大到了 75 家分店，在 2018 年以 140 億日圓的價格，賣給德國最大的鞋類零售商 Deichmann SE。由於我投資了 5 億日圓，所持有的股份變成約 8 億，付完稅金還賺了 2 億左右。

在爭議聲中進軍紐約哈林！

2002 年，我與紐約塗鴉藝術家 Stash 合作，在曼哈頓下城（Lower Manhattan）開設了一家名為「NORT 235」的店。這個名字來自 1982 年的美國科幻電影《TRON》，把片名反寫變成「NORT」，再加上門牌號碼 235。這家店隱身在義大利街附近，只有巷內人才知道，連另一位塗鴉藝術大師 Futura 也常來光顧。

然而，Stash 這傢伙做生意太隨性，業績始終無法提升，

有次我終於忍不住吼他：「你這傢伙，給我好好工作！」結果兩人爆發口角不說還大打出手，才 3 年，店就草草結束了。我當時心想：「跟人家合夥做生意果然行不通。」於是下定決心，2005 年獨自進軍紐約哈林區。

哈林位於美國東岸 95 號公路沿線，一直是毒品猖獗、現金交易滿天飛的地區，治安惡劣。不過當時出身自哈林區的嘻哈團體「The Diplomats（饒舌政客）」正在崛起，讓外界開始關注這片充滿才華與潛力的街區。

決定在這裡開設 atmos 時，John 極力反對，「你到底為什麼要去那種地方開店？」他氣得直跳腳，尤其當他發現我不用 CHAPTER 的名義，而是掛上 atmos 的招牌時，更是怒不可遏：「這樣做，小心 Nike Japan 直接取消你的授權！」

但我心裡有另一個盤算，或許這會是 atmos 打入 Nike USA 的契機。我不顧他的反對執意開店。然而，現實比想像中還要殘酷，根本無法在這裡正式取得經銷。哈林周邊早已擠滿了知名球鞋零售商，像是 Foot Locker、Foot Action、Finish Line、Jimmy Jazz 等，從大型連鎖到個體戶應有盡有，完全沒有空間讓 Nike 再開新帳戶給我們。

無奈之下，我只能回到最原始的方法──平行輸入。每次從日本飛來美國，我的手提行李箱裡總塞滿 10 雙球鞋，用這種笨方法進貨，實在又累又慢。商品供應始終不穩定，只能不斷從日本匯資金過來，勉強支撐店鋪營運。

頭 5 年，我總共燒掉了 5 千萬日圓，但從來沒有想過要放棄。因為，哈林區帶給我的刺激實在太有趣了，這裡的一切，甚至包括那些有違常理、光怪陸離的事物都很吸引我。我內心興奮的想：「這才是真正的文化衝擊吧！」此外，當我告訴別人：「atmos 在紐約也有店喔！」這種感覺簡直帥爆了。

　　當年要在原宿車站的月台刊登廣告，一年要高達 1,500 萬日圓，這讓我釋懷——就算這家店沒賺錢，能在紐約立足，不也是一種超強的行銷嗎？「哈林區有一家奇怪的店，裡面全是 Nike 球鞋，價格還不太一樣？」到了 2010 年左右，我們終於引起 Nike USA 的注意。

　　某天，我被叫去 Nike 紐約總部開會，一坐下來，高層們劈頭就問：「你們這些傢伙到底在搞什麼鬼？」

　　面對這些 Nike 的阿伯級主管，我直言不諱：「我們做的是平行輸入啊！」

　　他們滿臉困惑：「為什麼要大老遠從日本運球鞋過來賣？」

　　當下，我腦中閃過最壞的可能性——他們可能會勒令我們關閉哈林店，甚至直接取消我們在日本的經銷權。

　　接著，他們問：「你為什麼不申請正規經銷？」

　　我心一橫，直接回嗆：「如果你們能提供好貨，我當然樂意開帳戶，但如果只能給我那些市場上滿街都是的款式，那就不必了。」

這話一出,想必現場所有人都想:這傢伙真難搞!

沒想到,他們的回答大大的出乎我意外:「我們沒辦法一開始就給你最好的鞋款,但如果願意從中低階的款式開始合作,我們可以考慮開帳戶給你。」

就這樣,atmos 正式成為 Nike USA 的正規經銷商。

當下,我內心無比激動,心想:「果然,不管是美國還是 Nike,依舊保持著自由靈活的精神啊!」

被生病的母親責罵:「你在浪費人生!」

就在我結束 C 型肝炎治療前後,才得知母親也感染了 C 型肝炎。在東京的虎之門醫院檢查後,醫生診斷她已經肝硬化,要以干擾素治療也來不及了,換句話說,隨時可能演變成肝癌。

從那時起,我盡可能抽出時間帶著母親四處旅行,每個月至少兩次,不是去泡溫泉,就是享受美食。我簡直變成了溫泉專家,幾乎踏遍了日本各地的溫泉勝地。母親曾在長野縣的諏訪大社送我一個護身鈴,我至今仍隨身攜帶,走路時鈴鐺發出的聲音,早已成為家人辨識我人來了的信號。

母親的病情持續惡化,從肝硬化到轉變為肝癌,大約經過 4 年多。在這段時間裡,不管是柏金包還是勞力士金錶,只要她開口,我毫不猶豫全都買給她。

當時，公司的營業額穩定維持在 20 億～ 25 億日圓之間，即使我頻繁休假，公司依然能順利運作，就算別人說我工作方式毫無章法，我也毫不在意，只想把握時間，盡我所能的孝順母親。

直到 2010 年秋天的某一天，母親約我 9 點半在千馱谷的星巴克碰面，說有話要對我說。結果，那天我被母親狠狠訓斥了整整兩個小時──

「我知道你很會賺錢，也明白你是為了讓我過好日子。但你太鬆懈了！你正在抹滅自己的才華，整天游手好閒，難道不覺得這樣很浪費人生嗎？你應該更加努力才對！」

這是我人生中第一次被母親如此嚴厲的責罵。當年我毅然決然辭去工作、投入創業，父親雖然氣得暴跳如雷，但母親卻始終沒有說什麼。這次，她卻如此直白的對我說出這番話。

媽媽真正期望的，並不是我帶她去泡溫泉、吃美食，甚至也不是昂貴的奢侈品，而是想看到我那種拚命三郎的工作身影。她期待著我的成長，期待著公司的發展。想到創業初期，她毫不猶豫借給我她好不容易存下來的 150 萬日圓資金，這才有了 Text Trading Company 的起點，母親不只是支持我創業的人，更是公司最重要的推手之一。

然而，我卻沒有回報她的期待。我內心充滿愧疚，甚至害怕：「如果她這樣離開了，我該怎麼辦？」被她唸的時候，我的淚水流個不停，從頭到尾沒有停過。

從那天開始,我決定徹底改變自己!首先就是每天早上 4 點起床,去走路一個小時。不管刮風下雨,甚至颱風來襲,我都不曾間斷。在走路的時間裡,我同時思考工作,檢視如何提升營業額,並認真反省自己的狀態。

這才發現,自己早已停滯不前,開始生鏽了。

過去這段時間,我的確鬆懈了,但做生意不能停滯不前,「只要停下腳步,就很難有新的靈感。賣不掉的商品該怎麼推動?要如何讓業績成長?」這些問題,每一天都在我腦海裡不斷盤旋。

那年的營業額超過 27 億日圓,我竭盡所能讓業績比前一年成長了 4 億日圓!我深刻體會到,當我更聚精會神的全心投入工作,業績就會拉上來;但同時我也感受到,光是達成這 4 億日圓的進步,竟是我商業生涯中最艱難的挑戰。

就在這個時候,替我撐起 CHAPTER 近 15 年的三上選擇離開公司。

「我要辭職,找一份更穩定的工作。」個性單純的三上,因為失戀了,決定離開這份與我一同打拚多年的事業。

現在這個時代,在球鞋店上班是很正當的工作,沒什麼特別的,但在當年,在「水貨店」工作仍是一份讓人看不太懂、被認為不正經的職業,連租房、貸款可能都得看人臉色,聽到他的決定,我無法阻止。

在球鞋寒冬中尋找破口：前進新宿

2012 年，母親的健康狀況日漸惡化，原本負責 atmos 營運的妹妹決定退出第一線，專心照顧母親。因此，我決定將 atmos 的業務從 Teos 移交至 Text Trading Company 管理，這也是 atmos 首次納入我的直接管轄範圍。

當時，atmos 與 Nike 聯名的特別訂製款球鞋固然熱銷，但相較於球鞋，支線的原創服飾業績反而更為亮眼。此外，畢竟 atmos 僅有一家店，營業額遠不及 CHAPTER，直到 2013 年以前我的主要收入還是來自 CHAPTER。

然而，我的生意極易受到 Nike 市場狀況的影響。當時 Nike 正處於前所未有的低潮期，這是多重因素導致的結果：2000 年代中期，皮革鞋風潮削弱了運動鞋市場；2008 年 9 月，美國投資銀行雷曼兄弟破產引發全球金融危機；再加上 2011 年 3 月東日本大震災的衝擊，使整個球鞋產業陷入長時間的寒冬。

在尋找突破口的過程中，Nike Japan 開始與球鞋零售商合作，推動一個以「運動（Sport）」為概念、結合球鞋精品化的全新計畫。店內商品約七成來自 Nike，其餘則為其他品牌，這不只是開設 Nike 專賣店，而是以球鞋與運動服飾為主軸的選品店（Select Shop）。

我們之所以被選為合作夥伴，是因為 Nike Japan 負責

atmos 業務的高見小姐向公司推薦了我們。坦白說，Nike 是一個重視品牌形象到很挑剔、不太好搞的品牌，照理來說，與 Nike 關係比較遠的 CHAPTER 不太可能獲得這個機會，他們應該先選擇與上野那些歷史悠久的球鞋店合作。

但 Nike 過去讓我賺了不少錢，我心想：「它們既然開口了，我會賭上一切！」

這個專案由 Nike Japan 的業務老大──小林哲二（Koba 哥）帶頭，我提出建議：「不要選原宿，應該在新宿這種人流更廣更多的地點開店。」他則說：「店面至少需要 50 坪以上的空間，才能完整呈現展店的概念。」

為了找到夠大的空間、比較有機會衝高業績的地點，我開始四處奔走，尋找符合條件的店面。

某天我去新宿物色店面，離開後趕著回家參加妹妹與妹夫的婚禮前餐會。「開店地點這麼重要，一直沒看到滿意的……無論如何，再不趕快回家就要趕不上聚會啦！」我滿懷著心事，背著裝滿資料的沉重背包，匆匆忙忙奔跑時被一處很不顯眼的台階絆倒，右肩狠狠摔在地上。我的右肩骨折了，隔天，我帶著刺眼的包紮，忍痛出席了妹妹的婚禮。

幾天後，我回到當初摔倒的地方，心想：「唉，我怎麼會在這種地方跌倒呢？」抬頭一看，發現眼前的空地有堆積如小山的砂石，圍牆上貼著「店鋪出租」的公告。這個地點正好位於新宿高島屋百貨對面的十字路口，而明治通這條路總是擠

滿了人潮，高島屋的一樓集結了 LV 這種奢侈品牌，街上往來的行人看起來跟原宿的年輕客群不同，「不分男女老少，我希望讓所有人都穿上球鞋！」這裡簡直跟我想像中的藍圖不謀而合，是個超完美地點。

我立刻撥打公告上的聯絡電話，聽起來這片空地是被砂石業的老闆拿來當堆放砂石的地方，他正計畫在此興建一棟建築。一樓面積 60 坪，租金 420 萬日圓。於是我跟地主、從事砂石業的社長會面。

「你們是做什麼的？這裡租金很貴，你們可以嗎？」房東問道。

「我們是開鞋店的，沒有試過怎麼知道行不行？我們一定會好好經營，請租給我們吧！」

一間 60 坪的店面，至少需要 5～6 位員工，連同管理費，每月至少要 1,800 萬日圓的營業額才能勉強獲利。看著眼前堆積成山的砂石，儘管連建築物的影子和形狀都沒看到，就算給我看設計藍圖也無法想像會蓋出什麼樣的房子，但我心裡直覺這個地方是一個好兆頭。房東覺得我是個有趣的傢伙，他對我說：「那你加油吧！」就這樣，我下定決心要在這裡開新店鋪。

不同於我一眼就喜歡，Nike Japan 給予這個地點的評價卻是 C-。順便說明一下等級，D CLASS 等於最失敗的程度，C- 只比 D 好一點點，這代表他們認為這個地方成功的可能性極其

之低。當我找時任 Nike Japan 總經理的 Carl 和 Koba 哥一起去現場看，Koba 哥問我：「那個，本明啊，我說這裡真的 OK 嗎？要是失敗了，Nike Japan 是不會承擔責任的喔！你要確定耶？」儘管如此我還是回答：「沒問題的，就請讓我在這裡做吧！」由於 Carl 和 Koba 哥自始至終都無法改變我的想法，他們最終不得不接受了。

為了籌備開幕，Nike Japan 指派兩位同仁為我們提供開設新店的專業服務，給予我們店面設計的靈感。這一點 Nike 太厲害了，當你義無反顧時，他們也會全心全意的支持，我對他們實在由衷感謝。

幾個月後，一座三面都是整片觀景玻璃窗的建築物完成了，為了可以 365 天每天更換陳列，我們在店內設計了一個巨大的鞋牆（Sneaker Wall），集中展示銷售 360 雙鞋子。這是承襲了 CHAPTER 的概念，但以前店面比較狹隘，整面牆都塞爆球鞋，這次我們用壓倒性的數量，想呈現出不同的規模感。

就這樣，在 2013 年 8 月，atmos 與 Nike 合作，在新宿高島屋的正對面，一間以 Sport 為切入點，導入球鞋文化的發聲地「Sport Lab by atmos（SpoLab）」開幕了。

做為開幕的重頭戲，我們將黑 × 灰色、俗稱「Shadow」款的 Air Jordan 1 放滿了整個牆面，誰知道並沒有馬上賣光，可說出師不利，似乎是有些觸霉頭的開始。做生意真的不簡單，每天業績沒有賺到 60 萬就是賠錢，在一開始的前 6 個月，

幾乎沒有一個月達標過,甚至還有一天只賣出 24 萬日圓的慘淡時候!同業們冷眼看待,「誰會想要在這種地方開店,是不是瘋了?」「開在這種沒人氣的地方,顧客是不會上門的啦!」我被冷嘲熱諷了好一陣子呢!

可以展示 360 雙巨大的 Sneaker Wall。

> **本明的商道心法**

1. 時間就是金錢,速度決定成敗:減少客人等待的時間、提供更有效率的配貨與銷售建議,絕對與客人的滿意度成高度正比。

2. 掌握媒體報導時間點,等於掌握了市場價格的主導權。

3. 想在商場上有所成就,就要把情報當作生命!從全球趨勢、地區市場到個別商品的動態,每一個層面的資訊都可能影響成敗。

4. 那些真正暢銷的商品往往簡單易懂,能讓人感到「好像似曾相識耶」,才是具有親切感的好東西,這也是讓人掏錢買單的一大關鍵。

5. 線上聯繫固然方便,但如果不是面對面說話,會錯過許多看似「無關緊要」卻蘊含賺錢提示的訊息!「人脈」是生意成功的一大關鍵。

6. 商業的終極目標:如何留下更多的錢?不只把壓低成本的價差看作節流,而是視為額外的收入。

7. 生意的命脈在於現金流(Cash Flow),預測風險的方法,就是觀察現金流。

8. 用人原則:來者不拒,去者不留。是否對工作產生熱情,最終還是取決於個人,只要懷有熱情,最終都能勝任工作。

【第 3 章】

賣的不是鞋,是文化商品
―― 把原宿球鞋文化推向全球

要如何與客戶交流互動並且生存下去?
其中一個答案是:創造「文化」,並且散播出去。

賺錢的第六感：從賣不掉到爆賣

「怎麼都賣不掉啊～」站在擺滿360雙Nike球鞋的巨大鞋牆前面，我抱頭煩惱。

在我們店開幕時，市場主流品牌已變成adidas大勢當道，而非Nike。當時我們除了代理Nike也賣其他品牌，甚至一度考慮過將adidas也擺上架，然而若沒有Nike在背後撐腰，就不會有Sport Lab這家店（簡稱SpoLab），更不會有一系列跟Nike合作的訂製款，這些點滴至今讓我心懷感恩。

但是，CHAPTER被戲稱為「小Nike專賣店」，現實層面也代表我們必須依賴Nike賺錢的程度，即便後來漸漸轉型，我們依然認為開始賣Nike商品是成功的關鍵，畢竟，一開始我們就沒有下過adidas的訂單。

跟Nike的夥伴關係會這麼密切，也和Nike Japan的山田總太郎先生有關，他也是對應SpoLab的窗口，提供我們無微不至的支持。

我們是做服務業的，辦公室不需要太大，空間夠用來辦公和存貨就好，為了避免商業機密外洩，一般來說會嚴禁外部人員進入辦公室，就算是品牌原廠的業務也不會特別放行，但我們每天都要和總太郎開會，為了方便他工作，我們特別提供辦公桌給他使用，除了員工，只有總太郎知道辦公室Wi-Fi的密碼。他常被誤認為我們的員工，從早到晚都在我們這做事。他

這麼毫無私心的幫忙我們，我也希望不辜負他的心意。

回顧 adidas 當時大受歡迎，是因為 2013 至 2014 年復刻的「Stan Smith」系列，最特別的是，這是由女性市場所點燃的熱潮，而且女生力量大，往往會變成爆炸性的熱賣，畢竟在男性客群為主的市場，如果能打動女性消費者，就會創造龐大的消費分母。在向來以男性潮流為主的球鞋領域，像這樣由女性帶動搶購風潮的例子並不常見。

但我看著 adidas 的銷售模式，不禁懷疑：「這波熱潮是否只是一窩蜂、過了就消失？」adidas 一向看重暢銷款，它們推出大量配色的 Stan Smith，策略是在供過於求、價格崩盤之前，一股腦推出各種配色的 Stan Smith。

不過與此相比，Nike 的做法不同，更重視操作「經典」的概念，即便某些款式大賣，他們也會在第二年喊卡，果斷停賣、推出其他款式。因為就算在顏色上有所變化，消費者永遠是敏銳又善變的，再美的東西看久了也會膩，市場永遠在追求不一樣的感覺。特別是這一波 Stan Smith 的熱賣，比較像是大家趕時髦所造成的一時流行，真正的球鞋愛好者並沒有太熱烈的反應，因此我認為懂得適時推陳出新的 Nike，反而能拿出讓粉絲眼睛為之一亮的款式，Nike 的勢頭又要再起！

而實際在第一線的店面觀察客人，也能感覺 Nike 的銷售正在好轉。不管最後有沒有拿去結帳，有越來越多客人會頻繁拿起 Nike 的產品來細看，而且他們拿在手上的往往都是同一

款。這些動作不會立即反映在營業額的數字，但這代表即將到來、當下還看不見的趨勢訊號！一旦有某個契機出現，客人就會從「看一看」變成「掏錢買」。雖然很難說這個觸發點會發生在什麼時機點，但我絕對有信心，我想一定會從「怎麼都賣不掉～」變成「開始大賣」。即使當下業績不佳讓人有點沮喪，但我從未過度悲觀。

在這時，小島自告奮勇：「我來盯著 SpoLab 吧！」而 Nike Japan 也安排了一個專業數據分析師來幫忙，將我們店裡所有銷售鉅細靡遺的數據化，整理出清楚的清單。於是我們發現，在店裡那醒目的 360 雙巨大鞋牆之中，真正賣得最好的只有 30 雙，這就佔了 70％ 的銷售額。因此我們根據數據，重新調整 360 雙鞋的產品陣容，增加熱銷品的存貨，減少那種只是給人看熱鬧的展示商品，更精密的控管商品數量。

在這之中，最令人感謝的莫過於 Nike Japan 願意供應我們一定數量的熱銷品。與一開始靠平行輸入為主的 CHAPTER 不同，無論是 atmos 或 SpoLab 都是賣官方經銷品，若沒有原廠協助我們很難經營下去。

在接二連三投放話題商品的影響之下，我們漸漸增加 SpoLab 在媒體上的曝光度，情況開始好轉。起初的 6 個月陷入苦戰，但從第 7 個月開始，月營業額遠遠超過目標的 1,800 萬日圓，營業額來到了 3,000 ～ 4,000 萬日圓。

同時我也有新的發現：在只有經營 CHAPTER 的時期，因

為店裡只擺球鞋,從來沒想過原來放在收銀機旁的「3P 襪子（一包 3 雙的襪子）」居然能如此暢銷。我們這才意識到,何不提供跟球鞋有關的全套方案──既然要搭配人氣鞋款,就加強服飾以及襪子的進貨。

在此期間,Air Jordan 鞋款受歡迎程度也正逐漸提升。不僅是經典款 Air Jordan 1,更包含了 Air Jordan 3 代到 11 代。這多元且豐富的 Air Jordan 系列就像 Nike 的火力展示,也成為 Nike「大勢要來了」的徵兆。

「會越賣越好喔!」憑著多年的第六感,我察覺到商機即將爆發。畢竟我有在不景氣時期做生意的經驗,已被磨練出敏銳的直覺,種種跡象都讓我感覺像是「被電到」,我想這機會絕對不能錯過,於是決定一氣呵成、加速腳步,在總太郎的幫忙之下,我們在日本全國大幅展店,一共開設了 8 家 atmos 和 SpoLab 的直營店。

SpoLab 要兼賣運動服飾,銷售空間至少需要 35 坪大小,所以我們找商場百貨談開專櫃的時候,如果能找到大空間,我們就開 SpoLab,同時賣鞋子與服飾;若低於這坪數,就改成開 atmos,把商品單純鎖定在球鞋上。

在整個社會尚未察覺到即將到來的球鞋盛世之前,我們踏出了關鍵的一步。

因應消費族群質變,強攻社群

　　我們團隊的眼光與觀點得到了驗證,新的店面很快就步上正軌。這波球鞋風潮蠢蠢欲動、即將到來,只不過,這一次與我們過往所經歷的幾波流行有所不同,顧客之中冒出越來越多一般的高中生和大學生。

　　很明顯,顧客群正逐漸變化。

　　CHAPTER 業績最好的時代,熱愛球鞋的粉絲大多數都是喜歡閱讀《Boon》和《streetJack》這類雜誌的族群,他們是熟知街頭文化的球鞋狂熱份子。然而自 2010 年起,智慧型手機的普及率直線飆升,接觸球鞋資訊的入門方式從雜誌轉為社群網站(SNS)。就結論而言,買潮鞋的人不再是特定雜誌的讀者,而是湧入更多諸如「嘻哈愛好者」、「時裝愛好者」、「體育賽事愛好者」等多元化的年輕族群,整個球鞋市場的版圖變大了,也造就了「Sneakheads(鞋頭)」的誕生,他們與那些重視球鞋知識、並追求收藏全系列的狂熱份子有點不同,更像是對球鞋有強烈購買慾的粉絲們。

　　為了應對這樣的消費變化,只要一開設新店,我們就會開社群帳號,加強宣傳銷售資訊。此外,還成立了官網「atmos Web」提供線上購物,之前雖然也有「CHAPTER World」網站,但使用 atmos 作為 EC(電子商務)購物網站的名稱則是首次。

很快的,效果立竿見影,我們在二三線城市開店的區域,網購銷售額紛紛上升。雖然剛開始推出時有九成的客戶還是以關東地區為主,但我們完全不在意要花多少運費,這也讓其他縣市的訂單湧入。

　　透過在地方的展店,有更多人因此認識、並信任球鞋店「atmos」這個名字,開始願意在網路下單,實體店面則是扮演起廣告看板的角色,原本網購佔整體營業額5%,到2014年一年內成長到10%。

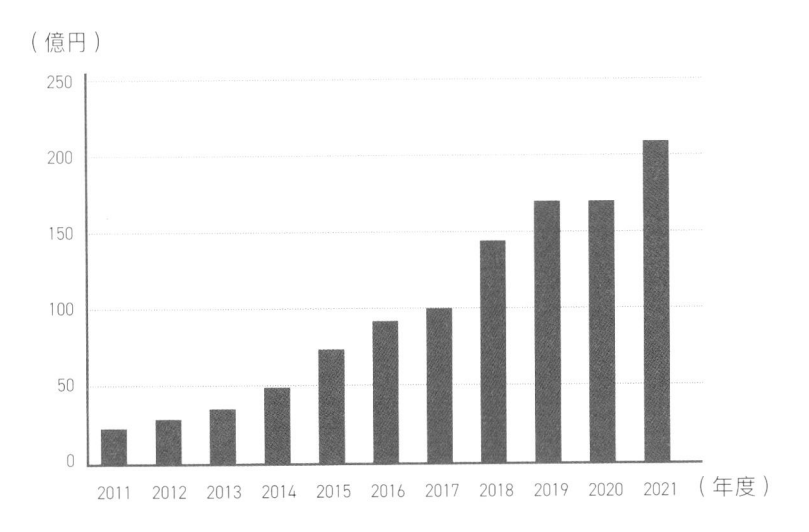

(億円)

Text Trading Company 營業額的成長圖(被媽媽痛罵的隔年度起)。

店鋪數擴張與「atmosWeb」官網的效果非常大，結果我們 2014 年的總營業額從前一年的 37 億大幅度增長了 35%，達到 50 億 8,000 萬日圓。當時我們在財經雜誌的採訪中公佈營業額，幾個朋友看到後跟我聯絡：「這數字是不是搞錯了？」可見公司在這一年快速成長的程度有多驚人！

　　然而喜悅是短暫的，在過完年後的 2015 年 1 月 20 日，母親因肝癌去世了，享年 68 歲。癌細胞的轉移讓媽媽很痛苦，當她喊著：「哎喲，好痛好痛啊！」我幫她打開止痛的嗎啡栓，我一直認為是我加速了她的死亡。媽媽的心臟無法負荷藥物，死神殘酷的降臨。

　　父親的發薪日是每月的 20 號，我在兒時的零用錢日也是每月的 20 號，我心想：「媽，沒想到妳會選在零用錢日離開。」

　　所謂的人生，就是由活著的每個片刻所構成的價值總和吧！

　　最終，那個被母親責備的我，是否真有改變了呢？我好希望可以讓她看見我更加努力工作的模樣。母親過世那天，我依舊去走路一個小時，因為從母親對我生氣的那天起，我就下定決心要堅持到底。那是一個雪花紛飛，比平時更寒冷的早晨。

　　從這年起，一直到 2020 年新冠病毒大爆發之前，整個公司持續加速成長。

世界變小，平行輸入的時代結束了

截至 2015 年，我們公司一共經營 3 種業態的店鋪，包括平行輸入的 CHAPTER、與 Nike 合作的店鋪 Sport Lab，以及相對比較小一點的店鋪 atmos。作為一位經營者，我正一步步將經營重心從老本行的平行輸入專賣店 CHAPTER，全面移轉到銷售官方授權的 SpoLab 和 atmos 上面。

我身兼公司的公關宣傳，在 2012 年開始使用 Twitter，2013 年開始使用 Instagram。正如先前提到的，社群網路的快速普及正在改變客群，不過這一點也與品牌原廠的行銷路線有關。

品牌不再需要透過紙本雜誌這類傳統媒體，就可以早先一步向全世界推送新鞋的發售資訊及形象廣告，同時它們花更多心力投入直營店，加強與消費者面對面的直接聯繫，以期更有效的預測市場需求、精準行銷。

此外，每個人都可以變網紅——自媒體所展現的影響力，在全世界開始掀起一波波撼動傳統傳播模式的地震。

最具代表性的就是由美國饒舌歌手肯伊·威斯特（Kanye West）與 adidas 在 2015 年合作的「YEEZY」系列。

Kanye 曾經在 2009 年至 2013 年這期間與 Nike 合作發表聯名款式，但是為了設計費和版權問題導致撕破臉，轉而跳槽到 Adidas，也由於背後有這樣的故事，獲得相當程度的關注。

不過他的前東家 Nike 的球鞋也再次引爆潮流。在此之前，市場往往是風水輪流轉，一下子是 Nike 某些款式賣得很好，一下子是 Adidas 某些款式賣得很好，或者只有在日本才掀起區域性的熱潮，就商業模式來說，這是非常不穩定的，然而自從 YEEZY 問世，變成全球球鞋市場都蓬勃發展，一起興盛。

特別是美國、中國和東南亞地區，反而比日本更加熱烈，大受歡迎的款式在全世界變得一樣流行，世界各地的暢銷款式和滯銷款式，也越來越趨向一致。

市場的生態開始改變，平行輸入的採購變得更困難。即使如此，我們仍努力在平行輸入的夾縫中求生存，我會利用在美國的關係，例如在美國採用 Future Order（在 9～10 個月預先訂購的方式），原本 140 美金的 Air Max 95 就可以用 90 美金批發價取得，加上寄日本的運費和關稅，每雙還是可以用大約 110 美金的價格帶回來，然後以一倍以上的 2.5 萬日圓賣出，等於每雙鞋約略能賺到 1.2～1.3 萬日圓的利潤。因為 Nike Japan 在日本的流通數量並沒有太多，只要鎖定採購較少見的產品，還是可以確保有利可圖。

但潮流市場大勢所趨，終究只是早晚的問題。隨著品牌原廠對於需求的預測變得更加精確，例如 Nike Japan 和 Nike USA 賣的系列商品越來越統一，流通的價差越來越小，換句話說，當世界各地開始流行相同的東西，並以相似的價格販售，**地域性的差距變短了，整個世界逐漸變小。**

「世界變小了」，代表着平行輸入的優勢正在消失，同時也意味着 CHAPTER 存在的意義已越來越微不足道。

豪賭的背後—— 一槍定生死的眼力

但話說回來，SpoLabo 和 atmos 這兩家賣官方授權商品的店面，最強大的優勢其實也是奠基於我做過平行輸入店 CHAPTER 的經驗。

在這世界上，有會熱賣的產品，也有會賣不好的產品。極端一點來說，在球鞋市場上，不管你銷售的是平行輸入也好、正規經銷也罷，竭盡所能囤入會熱賣的產品，是不變的勝利法則。

在 CHAPTER，我們憑著在第一線磨出的直覺與嗅覺，拚命從世界各地收購賣相好的鞋款，我們擁有各種情報網路，可以比品牌原廠更早預測市場需求，把預判好賣的商品囤積最大的數量，這績效反映在業績，即使 CHAPTER 只是單一店鋪，也能創造近 30 億日圓的營業額！CHAPTER 在經歷好幾波的球鞋熱潮，仍可以生存下來的最大原因，正是這種可以精準嗅出熱賣品的能力！

而繼承這種 DNA 的 SpoLabo 和 atmos 也是如此，只要我感覺會熱賣的，就盡可能進貨。基本上，球鞋業界是沒有追加補貨這種事的，所以全憑在開賣前約 9 ～ 10 個月的 Future Order「一槍定生死」。

有些同業比較保守,當他們不確定會暢銷還是滯銷,最多只願意訂兩三千雙鞋,但我們經營過CHAPTER,有一定的眼力,只要認定會賣,管他是一萬還是兩萬雙,都可以冷靜的進貨!

　　雖然品牌原廠有自己的配量規劃,並非所有商品都可以全數給貨,但畢竟我們的採購規模是從數千萬起跳,大至數億日圓,我們也得承擔難以想像的壓力。乍看之下,這種採購風格一定會被認為像一場豪賭,但我始終認為,如果有一絲畏縮、不能義無反顧勇往直前的話,是無法勝任這一份工作的。

　　這種下訂單的氣魄,很大程度要仰賴經驗法則來判斷,就算是受過培訓的員工,要能自信的判斷出「熱賣產品」與「滯銷商品」也是極為困難,畢竟是可能會動搖營運的重大決策,最終責任還是會落在我身上。

　　我自身也察覺到,我想開專賣店衝高業績,一方面也是為了履行與母親那個「我會更努力!」的約定,然而回頭看CHAPTER,這裡畢竟是我重要的起點,也是充滿回憶、陪我度過修練階段的地方,在那裡我與客人們的聊天、和市場的對話、體悟到金錢的重要性、為了採購有周遊世界的機會……可以說,我做生意的「本命區」全都在這裡。

　　想到這些回憶,我就遲遲無法決定關閉原宿的CHAPTER本店,然而,在勉強維持營運的情況下,在2018年5月27日,我們終究還是下定決心關掉原宿店。當時我百味雜陳:「這就是CHAPTER的結局嗎?」那畫面至今仍深深烙印在我心中,

我永遠不會忘記那些辛勤工作、從零開始的日子。

我認為我們是第一個從二級市場的平行輸入店,轉戰到正規經銷的一級市場的成功案例,而 atmos 之所以成功,也是因為有 CHAPTER 為基礎,讓我時時緊盯全世界的流行趨勢,我不但對二級市場瞭若指掌,也能判斷整個 Sneaker 市場的動向。

如果說品牌原廠是在一級市場競賽的選手,二級市場原本應該是他們最不喜歡的領域,多數人會認為,在一級市場的,永遠都是一級市場;在二級市場的,過再久也永遠只是二級市場。傳統的觀念是,就算在二級市場賣再多、定價再高,品牌也不會賺到任何一毛錢,二者怎能混為一談?只是當我們反過來看,在一級市場上會熱賣的產品,無庸置疑的在二級市場也會大賣,而當某個款式在二級市場上熱銷時,消費者對該款式的熱情肯定會大幅提高——這有什麼好處呢?我認為,這能反過來讓品牌的價值水漲船高。

如果無法「破格思考」、不懂這兩種市場之間的連動關係,只懂得把眼光放在一級市場的人,我想是絕對無法成功的!

我正是一直在這種不同領域的混合格鬥競賽中奮戰。

打造「裏文化」經濟學

大約在 2014、2015 年間,隨著球鞋熱潮興起,我們所醞

釀的原宿 Sneaker 文化（注1）開始蔓延至全世界。

　　從 2014 年開始，Nike 啟動了 3 月 26 日的 Air Max Day，每個年份發售限量款式、舉辦實體店活動等方式輪番引發熱潮，而我們長年投入 Air Max 系列，業績也迅速增長。

　　就在 2016 年的 Air Max Day，小島設計的 atmos Elephant 在 Air Max 歷代鞋款的人氣投票中獲得了第一名，並在隔年 2017 年的 Air Max Day 復刻發售，才剛推出便銷售一空。網路拍賣是一種隨著時間推移，稀缺價值造就價格越炒越高的 ReSell 市場，才第二天，交易價格就來到了 3 萬至 4 萬日圓！同年 10 月，網球傳奇巨星——羅傑·費德勒（Roger Federer）公開發表「Court Zoom Vapor RF」這款鞋，並採用據說是他本人喜歡的 atmos Elephant 配色，在發售當天，「費爸」本尊竟也翩然來到 SpoLab 新宿（現在的 atmos 新宿）參加活動。看到費德勒穿 atmos Elephant 現身，無論我或是小島，都感動莫名啊！

　　此外，在紐約 SoHo 區裡的一家 Nike 專賣店，在我們事先不知情的狀況下，展示出 atmos 聯名訂製款的歷代 Air Max。這還是我的妻子剛好經過該店才發現的，她開心的跟我分享：「太棒了！太令人感動啦！」

注1：很多聯名款式不一定是為了在球場穿著的球鞋，而是跑步鞋甚至是滑板鞋，很多人不是穿來運動，而是為了搭配打扮與炫耀，因此以 Sneaker 這個字代表運動鞋文化。

我認為我們賣的不是普通的球鞋，賣的是有價值的球鞋，並以聯名訂製的方式，建構起「原宿的 Sneaker 文化」，這種價值透過 atmos 這個名字，不僅在美國、亞洲，甚至是歐洲，傳遍世界。

　　作為 Sneaker 的零售店，要如何與客戶交流互動並且生存下去？我逐漸體會到其中一個答案是：**創造「文化」，並且散播出去。**

　　熱潮就像波濤一樣。在我 26 年來從事球鞋的生意裡，曾有 3 次經歷過球鞋市場跌落極端低迷的冰河期。第一次是在 Air Max 95 熱潮結束後的 1998 年前後；第二次是在 MODE 時裝流行席捲主流市場的 2005 年時期（注2）；第三次則是在 2011～2012 年、東日本 311 大地震之後。

　　有一個有趣的現象：當經濟不景氣的時候，Air Force 1 的全白款式總是會大賣。因為只要有一雙，就可以搭配任何服裝，這時候消費者追求的是經典基本款，我們也會在預訂時多訂些極簡的白色和黑色鞋款，以撐過低迷的景氣。

　　景氣有榮枯，有好的時候，肯定就會有不好的時候。在埼玉上尾一家球鞋專賣店「Houei」的老闆曾告訴我一個道理：「即使經濟不景氣，只要掌握知識和情報，這時反而是一個人

注2：2005 年前後，在日本國內興起的時裝設計風潮，主流搭配的鞋子不是 Sneaker，而是靴子、皮鞋或是休閒鞋。

獨佔市場的大好機會喔！」所以不管景氣是好是壞，我們致力於成本控管，並且努力在原有營業額之外也創造出利潤。

然而即使營業額沒有明顯增加，我們用特別訂製款等商業模式來一步步建立出「價值」，這些累積並非無用之功，我們的成果在 2010 年代中期開始被消費者、被品牌原廠肯定，就像前面說的，我們讓球鞋變成一種「文化」。

在前景看好時，總會有許多同行也想加入市場。在 2010 年代後期，手上持有 Nike 最頂級經銷帳戶、國外知名的球鞋專賣店相繼登陸日本市場，自 1996 年以來，前所未見的球鞋戰國時代到來了！他們有雄厚的資金財力，投入好幾個億來做裝潢，打造堪比奢侈精品店的豪華店面。面對採取資本額攻勢與奢華感為策略的對手，我們的武器，則是專心致力於成本控管和至今所培育的文化。記得嗎？我們並不是在賣球鞋，而是從「販賣文化」中尋找出一條出路。

到底誰比較好？終究還是要交由消費者來做決定，而我很有信心。

顧客的面貌決定賣店的風格

在經營一家店時，我認為需要帶有「有點土有點帥」這樣的元素。這是為了不僅能吸引喜歡球鞋的人進店，對於那些剛開始對球鞋感興趣的國高中生而言，比較不會感覺尷尬，只管

勇敢的踏進來。說得更明白點，就是要有一點點不過頭的俐落感、手作感。所以只要是我經營的店，我們就不可能走精品店那種路線，要開一家「超炫的店」，只要投入大量資金去裝潢就可以打造硬體，但是球鞋真的有辦法成為那種規格的商品嗎？

我們的商品規格就是一雙 15,000 日圓的球鞋。對我們而言，要賣出一萬雙售價 15,000 的球鞋相對簡單，但是要我賣一百雙要價 10 萬日圓的球鞋，或是兩萬雙要價 6,000 日圓的球鞋，兩者都很困難。

如今，資訊更迭的速度飛快，不論開什麼樣的店，一兩年內就很容易退燒、讓人厭倦，商家必須不斷更新改造，透過店內活動或限期快閃店等各種方式與顧客進行交流，大家才會覺得更有意思。在眾多販售球鞋的店家當中，我認為要讓顧客選擇我們，最重要的是必須了解客人的面貌。

雖然我們是一家球鞋店，**但我們傳達文化的主角並不是球鞋，而是購買那雙鞋的客人——記住客人的面貌，並且建立關係。**

對客人了解得越多越深，客人的黏著度越高，他要買鞋就一定會優先來 Sports Lab 或 atmos 找我們。這些著迷並共同創造出球鞋文化的顧客，既不是會買很多雙 10 萬圓這種精品球鞋的人，也不是趁特價時來撿便宜就滿足的人，他們熱中的是挖掘有歷史、有故事，以及稀缺價值的球鞋。只有不辜負這些客人們的期望，並建立起信任關係，才是真正的好店家！

所謂的好店家，是提供可以跟客戶進行交流的地方。

隨著數位化的進展，自從整個世界都開始重視網路購物，「店鋪該扮演起什麼樣的角色？」這個問題常被討論、備受質疑。

除了球鞋，其實多數服飾品牌也是一樣，商品結構呈現金字塔的形狀，頂端是限定版或數量稀少的商品，底層是產量多且廉價的，這兩種極端皆可在網上銷售，然而中間價格帶的商品反而不好賣。如果只賣數量不多的限定版，說穿了根本無法貢獻業績，結果只能靠薄利多銷、大量販售廉價產品，然後陷入削價競爭的泥沼，最後為了搶市佔率，不是要提高現金回饋率，就是得調降價格，陷入萬劫不復的地獄。

但是在店頭販售不一樣，可以透過互動服務將價值相應的商品銷售出去。只要有宛如「球鞋傳教士」般的店員們，他們以服務熱誠待客，就算是 Nike 官網滯銷的款式，只要放在 atmos 店內，賣出去的機率都會變高！

為了確認倉庫間和街邊店的廁所是否維持乾淨，每天開店前各家店長都會傳店裡照片給我。而男鞋的尺寸，從 25.5 cm 到 30.0 cm 以半碼（0.5 cm）為單位，但鞋盒外觀長得都一樣、又看不到裡面，如果沒有經常整頓倉庫，光找鞋給客人就會浪費很多時間，所以店員必須記住庫存，當我們一看到客人的腳，就要能馬上推測出尺寸。如果被問到「請問有 27 cm 的嗎？」，店員也勢必能掌握店內有哪些款式的庫存。

還有，依照不同款式，尺寸的版型多少也有不同，看狀況有時也要能判斷是否要推薦加減 0.5 cm 的號碼。這些工作細節雖然需要花很時間來訓練，但靠著努力累積出這些經驗，讓我們的員工有很強大的專業知識、促購說服力，這也是我們與普通球鞋愛好者最大的差異之所在。我會把 CHAPTER 時期所有加盟店鋪改為 SpoLab 和 atmos 的直營店面，也正是因為這些店面所發揮的作用，對公司有打穩顧客關係這一層重要性。

和黃牛鬥智，激發新商品的靈感

　　有人認為所謂的球鞋熱潮其實是「炒賣狂潮」，這也讓炒賣店變成話題焦點。

　　炒賣業者指的是那些收購球鞋後，在網拍 APP 或網站上，轉賣並把鞋價哄抬過高的人。隨著球鞋熱潮的加溫，炒賣業者的數量也變多了。以前在 CHAPTER 時期要購買熱門球鞋的資格就是先到先贏，現在已經改成用抽籤來決定，這就得看運氣。atmos 每每到了周末，總會開始出現長長的人龍，有時候甚至出現數千人的隊伍也是稀鬆平常，但鄰近居民的抱怨變多，我們改用事先抽籤來決定排隊的資格。

　　抽籤的規定基本上是每個人只能抽一次，結果炒賣業者有時會雇用家庭主婦，甚至是流浪漢來提高他們的「彈藥數量」。這種來打工幫忙排隊的人，被稱為「黃牛／假排人（キャパ

capacity）」，許多炒賣業者還會成群結黨，進化成組織。曾幾何時，買球鞋從尋寶遊戲（Treasure Hunt）變成了一種權力遊戲（Power Game）。

我曾見證過好多次的排隊人龍，2015 年 Air Jordan 1 Chicago 的發售日當天尤其令人印象深刻。推估超過 5,000 人的隊伍，從 atmos 原宿店一路延伸到表參道，然後在表參道的十字路口再繞到青山通，一路沿到 Brooks Brothers 青山店附近為止，人龍蔓延 1 公里以上！老實說達到這種規模要精確計算人數是不可能的，因為抽完籤的黃牛又會混入正在排隊的夥伴裡，沒完沒了。只監視隊尾的人沒有意義，但要監視全部也不可能，隊伍實在太長了！

公司內部好幾次都提出：「隊伍排成這樣，抽籤要花太多時間，有沒有什麼可以縮短時間的辦法呢？」

在特殊款的發售日，店裡的一般銷售必須暫時關閉，這也導致銷售機會的喪失，我們不得不謝絕那些想買 atmos、從其他縣市或是海外遠道而來的客人。為了避免這種損失，我們採取「密集展店（Dominant Strategy）」，也就是將店鋪集中在同一個區域的開店策略，盡可能排擠掉競爭者，所以在原宿同時可以看到好幾家 atmos。

然而我們面臨最大的課題，就是很難照顧好原本會去 SpoLabo 或 atmos 跟我們買東西的老客人。為了解決這個問題，我們在 2017 年 Off-White 和 Nike 的聯名系列「THETEN」，

配合首次發售導入了「穿著規範（Dress Code）」。規則是如果你想要來抽籤獲得購買資格，必須穿上指定的球鞋款式才可以抽，所以想買鞋的人必須穿 atmos 與 Nike 聯名訂製的 43 款當中的任何一雙才可以參加抽籤。

「希望可以讓真心熱愛球鞋的人得到鞋子！」這是我們的立場與初衷。有了 Dress Code 的設定，果然為我們節省了不少時間。

誰知道，道高一尺魔高一丈，炒賣業者也開始讓打工代排的黃牛穿上 Dress Code 指定的球鞋來排隊。有時可以發現他們腳上的鞋子尺寸根本不對、價格的標籤沒有撕，甚至為了不讓全新球鞋被弄髒還特別貼底（在鞋底貼上膠帶保護）。為了參加活動，手段簡直層出不窮！最後，有些人甚至乾脆把塑膠袋套在腳上，走路時還會咖沙咖沙的作響，看到眼前成群結隊的人群，小腿上纏著塑膠袋行走的場面，滑稽又詭異。

看到這種場景，我們可不想只是被動接招，靈機一動，乾脆反過來開發出矽膠材質、透明的雨天鞋套。不管是那些不想在雨天弄濕球鞋，或是排隊時不想弄髒全新球鞋的人，這商品都很實用。到後來我還真不知道是為了防雨還是為了排隊，何者需求比較高──但這種矽膠鞋套竟然變成我們的暢銷商品！

電子商務的各種挑戰

不過炒賣業者的猖獗,也讓線上購物蒙上陰影。

我們發現 bot(程式機器人)會造成不小的搶貨問題。當我們一般人在網站上購買東西時,需要打開頁面、加入購物車、支付款項,必須一步一步按照順序進行,但 bot 可以瞬間自動執行完成這些步驟。在股票世界,使用 bot 一天內進行數萬次交易是極為普遍的,有人會用 0.01 日圓為單位一口氣買下所有上漲的股票,再一口氣賣出,並反覆操作賺取利益。

在 2010 年下半年後,即使是個人電腦用戶,只要花數萬到數十萬日圓的成本,要做出這種程式並不難,但這種鑽漏洞的技術造成熱門商品只要一在線上發售,幾乎都是瞬間被秒殺,一般消費者根本買不到。就算採取再多的措施,也只是像打地鼠的遊戲,根本抓不完。最終還是得靠後台人力來判斷並取消可疑訂單,例如看到同一個帳號大量購買的訂單,我們可以明快的手動取消,但黃牛的手法永遠魔高一丈。譬如說,當你查看購買者清單,明明所有消費者的名字都不同,但是宅配地址卻不知為何都是到同一家店。即使想也知道又是炒賣業者大量掃貨,卻因為沒有證據(畢竟不同姓名),無法取消訂單。

我們也曾嘗試透過以打字輸入的節奏來揪出 bot。人類在打字時都會有類似「咚咚⋯嘟⋯咚⋯」這種有長有短的波動

感，bot 則是一路「咚咚咚咚⋯」，輸入時是固定的節奏，因此可以用節奏來判別，但誰知道，厲害的人為了避開網站這層過濾，修正程式，也跟著節奏來輸入打字。

妙的是，隨著 bot 普及，使用不同程式的 bot 竟然也開始相互競爭。執行程式較慢的 bot 會被速度較快的 bot 超越，最後就看誰的 bot 更優秀可以搶先掃貨，莫名成為一場「bot VS bot 的戰爭」。

一旦買鞋的生態演變成這樣，單純只是想來買東西的客人根本沒戲唱了。後來線上購物商城也導入了抽籤制，但是每次申請的數量高達數萬件，炒賣業者同時利用超多人頭帳戶來參加抽籤，讓中獎機率被拉高數百倍之多，搞到想要好好買到一雙鞋的機率，變得像是中樂透一樣誇張。

比較麻煩的是，除了球鞋愛好者買不到鞋，那些被掃貨的球鞋後續也會引發問題。當炒賣業者覺得手中的貨太多、無法用預期高價售出，因為害怕損失，索性不取貨、讓網路訂單被取消。這些被退回的商品就算「再進貨」重新販售，卻因為時間落差，無法一氣呵成賣出去，導致買氣開始退燒，看起來不再搶手，客人的興趣也隨之降溫，最糟糕的情況莫過於只好下架該鞋款。

智慧型手機普及之後，網路購物又有爆炸性的變化，除了轉賣行為全面升級，信用卡盜刷的犯罪也日益增加。有人會偽造、側錄竊取，或是從某處盜用卡片資訊，然後使用他人的信

用卡來付款。atmos 曾在一個月內發生高達約 800 萬日圓的不正常訂單，由於不在信用卡公司的補償範圍內，我們得自認虧損，光想到就讓人想流淚，卻也只能默默承受。我們只好不斷加強線上商城的安全措施，但高度的安全措施也會造成線上購物的使用門檻變高。

隨著電子商務的重要性增加，預防轉賣的對策和安全措施之間的考量成為一大難題。

海外知名度狂升，外國觀光客爆買！

球鞋狂潮不斷擴大，搭乘上這班潮流列車的 SpoLab 和 atmos 順利的成長茁壯。到了 2017 年，我們在日本國內擴張到約 30 家店鋪，營業額突破了 100 億日圓的大關！

訪日外國觀光客的大量湧入，讓日本的球鞋狂潮翻向全新的篇章。

2017 年 9 月，位於原宿表參道路上，與知名飾品品牌 Goro's 的建築相鄰，atmos Blue Omotesando 表參道店開幕了。同年所公布的外國籍旅客超過了 2,800 萬人，整個日本社會都在熱烈討論著外國遊客的消費。

我們的表參道店是一家大型路面店，店內兩側 Sneaker Wall 可以陳列 400 雙鞋子，並且可以囤放 5,000 雙的庫存。我們從業 20 年來都以巷弄的「裏」原宿為經營核心，這是

第一次前進到「表」面上主要街道的絕佳時機。現在我們也可以服務那些原本對球鞋毫無興趣的客人,為他們創造穿上球鞋的喜悅感。SpoLab 以及 atmos 的發展,正邁向到下一個階段!

說白一點,我們的厲害之處就是對於球鞋有瘋狂的執念,一方面很高興球鞋愛好者專程前來巷弄裡晃晃、只為了找到 atmos 在哪裡;可是另一方面,我們體會到在「裏」原宿開店會面臨的困難——女性不會專程到巷弄裡買球鞋。為了吸引女性客群,以及讓更多客人認識 atmos,在主要街道上一決勝負是有所必要的。

平時走在表參道的人們,有二至三成是海外觀光客,我們相信球鞋文化絕對可以帶給這些人共鳴,同時也考慮進軍亞洲市場,所以這家旗艦店也擔當起十分重要的角色。

表參道店的租金是用每坪為計算,一樓每坪 25 萬日圓,二樓則是每坪 15 萬日圓,總租金大約要 1,000 萬日圓,相較我們以前的店可說是超級貴,再加上人事費等其他成本,每個月的單店營業額至少需要 4,000 萬日圓。即便如此我們仍篤定可以做到,因為在 2013 年開設新宿 SpoLab,以及 Air Max Day 活動的成功,都讓全世界認識到有一家叫做 atmos 的公司。就算我們只是落腳在新宿最鳥不生蛋的角落,但持續創造業績的經驗,與至今所累積的一切成果,都讓我們充滿信心!

吸引海外觀光客的成效超乎我們想像的好,因為在全球知

名度的提升,有些旅行團會將我們的店列入行程當中,甚至還有坐著巴士的觀光團前來血拚、擠爆表參道店。

令我驚訝的是,無論是下雨、或是地震導致山手線停駛,海外觀光客們依舊絡繹不絕。若是以前的店舖,營業額多少會受到天氣的影響,但後來就算是颱風天,也有些遊客會因為迪士尼樂園暫停營業,改行程前來 atmos 買球鞋。

我們所在的原宿,作為全球知名的觀光勝地,是個宛如遊樂場般令人興奮的地方,原宿最著名的就是可麗餅,如果這裡不是個令人如此開心的地方,就不可能每天都擠滿人潮吧!

不只是表參道店,我們在大阪的心齋橋店也受惠於海外觀光客,他們的爆買行為讓營業額大幅推升,每月銷售額來到 1 億日圓左右。接著,在 Nike 的建議下,我們決定將看起來難以區分的 Spo Lab 和 atmos 統一合併。

兩家店的名稱統一,能給市場更一致而有力的形象,也讓觀光客對我們的認識更清晰明確。Nike 在許多關鍵時刻總能給我們很好的提議,我也很認同,只是讓我有些許猶豫的是,當時使用 SpoLab 這名稱的店已達 13 家,我擔心的是更改店名會削弱我們與 Nike 合作的關係,但最終還是按計畫將所有的「Spo Lab」都改為「atmos」。結果證明,就算換了店名,也沒有因此改變我們與 Nike 的關係。

本明的商道心法

1. 不管你銷售的是平行輸入也好、正規經銷也罷，竭盡所能囤入會熱賣的產品，是不變的勝利法則。

2. 當某個款式在二級市場上熱銷，消費者的熱情會大幅提高，能反過來讓品牌的價值水漲船高。如果無法破格思考，只懂得把眼光放在一級市場的人是絕對不會成功的！

3. 即使不景氣，只要掌握知識和情報，反而是一個人獨佔市場的大好機會！

4. 我們並不是在賣球鞋，而是從「販賣文化」中尋找出一條出路。

5. 傳達文化的主角不是球鞋，而是購買那雙鞋的客人。

6. 對客人了解得越多越深，客人的黏著度越高。所謂的好店家，是能提供跟客戶溝通交流的地方。

【第 4 章】

當球鞋成為貨幣

—— 市場泡沫化、新冠疫情,然後以 400 億賣掉公司

我之所以可以一路走到今天,
最重要的是因為做生意太有趣了!
熱愛自己的事業,
商業之神有天一定會降臨。

沒什麼天賦的我，越努力越自由

在公司步上正軌之後，我的收入大幅增加，跟以前月薪14萬8千日圓的上班族時期相比早已不可同日而語。那時候很想擁有的三菱PAJERO，這時候也可以毫不猶豫的買下來，但結果是我直到寫書的今天仍然沒有買下這台車。

我全心全意投入做生意，喜歡和客人交流、到國內和海外各地走走，比起開著拉風的車在路上跑，如今努力工作或許讓我更能體會到「自由」。

打從我開始做生意以來，我花錢的方式並沒有什麼太大變化。每個月較大的支出就是跟人開會時的喝咖啡費用，差不多10萬日圓，畢竟我必須服用干擾素，身體不太好，也很難跟人家去喝酒，開銷自然少。平常出門，我也只搭電車或公車，只因為我想看看周遭人們的腳上都穿什麼樣鞋子。因為我不喝酒，有時客戶會說我很難聊，所以夜生活那些應酬，我都交給年輕的員工們，我只問問他們現在正流行些什麼。

總之，就算我的稅務師和會計師都說我可以再多花點錢沒關係，但我覺得沒有必要。

奢侈這件事是沒有極限的。一旦屈從自己心中「我要更多、還要更多！」的慾望，最後會養成習慣，而習慣會扭曲價值觀。

我們的客人是那些每個月為了買3雙要價1萬5千圓的

球鞋,願意省吃儉用、中午吃泡麵的人,這些族群是我做生意的起點。雖然有一派說法是:「為了刺激年輕朋友追求夢想,老闆稍微炫富一點會更好、更有派頭。」然而我認為,如果我跟這些客群的價值觀、消費觀脫節,做生意的敏感度就會鈍化掉。

「難道你沒有想過賺大錢之後,有什麼想做的事嗎?」有時我也會被問到這樣的問題,但我真的想不到有什麼非做不可、非買不可。我享受做生意的過程勝過一切,所以我每天日常的例行公事,幾乎都是跟工作緊密結合。

我每天晚上 11 點就寢、不熬夜,就算過新年也是如此,所以已經超過 15 年沒有聽過寺院在除夕夜跨年的鐘聲了。我每天早上 4 點起床,步行 1 小時。我沒有跑步,是因為氣喘吁吁的時候什麼都無法思考,我會一邊走路一邊動腦:「要怎樣才能賺錢呢?」

走完路就閱讀報紙,為了盡量保留我覺得有用的知識,只要感興趣,我會畫紅線並剪下來。剪貼報紙的習慣我已經維持超過 20 年了,大概累積有 40 本左右的剪貼簿!不過,無論是人、店家或是和商業產品,都是千變萬化的生物,因此當消息見報時早已過時,所以我會把剪貼簿擱置一段時間,半年或一年後再回頭看看,將答案與當時報導裡的訊息與預測做對照,用這個方法來訓練我判斷事物的精準度。

看完報紙之後,大約從 6 點 45 分開始,我會檢查並回覆

店長,以及辦公室員工昨天寄來的電子郵件。LINE 和 WeChat 的訊息每天大約有 500～600 則,我會掃過所有訊息,但只回覆感覺有狀況的訊息。每天來自 30 家店的報告各有 4 次,一共 120 個訊息。如果我去開一個大約 2 小時的會議,回頭察覺時往往已累積 60～70 則 LINE 的訊息。

因為我太容易在意手機,所以原本只有處理很重要的事或星期天去咖啡店的時候,才會關掉手機,但說真的,網路新聞大多沒什麼用,想要提升資訊的精確度,最好的辦法還是常與各式各樣的人碰面交流。

我們必須要有能力選擇不看手機,否則注意力會被分散,錢也會跑走。很多人應該都有在心不在焉、注意力散漫時搞丟東西的經驗,像我最近也弄丟了愛用 5 年的筆,這讓我頗受衝擊。

保持彈性,能賺錢的文化是雙向共榮

說穿了,要是我有什麼商業天賦的話,我才不會在凌晨 4 點起床呢,而是好好享受睡大頭覺啊!但正因為我沒有才華,所以更要拚命才能生存下去。我只能透過日常生活裡一點一滴的自律、累積這些例行常規的基本功,才有本錢與人一較高下。

還有,個性使然,我很喜歡到處閒晃,只要有時間我會刻

意擠出一些時間去鄉下工作並到處趴趴走,而有趣的是,作為我們的老巢,原宿也絕對不是一個「正常的城市」,如果用自以為正常的標準來看待原宿,那麼客人們就會慢慢從你眼前消失——到鄉下走一走,才可以重置(Reset)自己對事物的感受。

關於「常識」也是一樣,**你必須每天重新省思自己的想法,不停去更新。**譬如說,假設桌上放了裝有水的杯子,我正看著水,但客戶可能正看著杯子。即便看著同一件事物,視角卻是截然不同,今天我認為很酷的東西,有可能在客人眼裡並非如此。「常識」的定義往往因人而異,如果老覺得自己才是正確的,是絕對無法好好把東西賣出去。

「販售文化」不能強迫大家接受,而是一同創造,才能開花結果。

話說回來,到底為什麼球鞋也能被稱為「Culture(文化)」呢?」

我從誕生於日常生活中、具有實用性的茶碗、杯子等這類具有美感的民藝品來思考。所謂「民藝」這個詞彙是由思想家柳宗悅所創造,在此之前,這些物品被認為只不過是工具、頂多叫工藝品。但他發現,這些器物用於日常之時也締造了一種美,於是提出了「民藝」這個詞彙。這些器物與日常生活息息相關,可以每天使用,透過這些民藝品,創作者的意念與使用者的想法互相交融,每日、每日不斷疊加,這才形成了文化。

球鞋也有這樣的一面,以前只是在運動時才會穿上的東

西,卻也能出現在各種生活場景裡,讓人不斷發掘球鞋嶄新的一面。例如,我們和自己崇拜的運動選手穿了一樣的鞋款,多少有投射心裡,將自己與偶像的身影重疊一起;如果得到一雙獲得饒舌巨星加持過的球鞋,宛如自己也可以成為團員之一……在日常生活中承載著故事和靈魂,並且反覆積累,便成為文化的初始模樣。

球鞋會「泡沫」還是變成「貨幣」呢?

我相信,球鞋的價格也可說是關鍵,適中的價格,就算是高中生和大學生也可以用壓歲錢或是打工薪資就能買得起。不比那些要價數千萬日圓的汽車或是數百萬的手錶,就算這些奢華品未來在二級市場價格翻倍、或能炒到某個高價位,如果一開始沒人購買,所謂的文化是不會扎根萌芽的。

金融環境的投機性也帶來很大影響,自從 2008 年發生雷曼兄弟風暴,由於降低利率而實行的貨幣寬鬆政策,全世界的貨幣總量增加,而銀行利率下降,人們開始尋求投機目標。這時兼具文化感與市場性的球鞋,想當然就成為最理想的選擇之一。由美國帶頭的股票市場飆升,人們開始投機起來,要投入買賣怎麼挑選標的?超級富豪的選擇是名車與百達翡麗(Patek Philippe),一般的有錢人選擇勞力士(Rolex),而年輕朋友則選擇了球鞋。

球鞋成為了最容易獲得、可以負擔的「資產」。這簡直就像是 17 世紀在荷蘭所發生的「鬱金香狂熱」(歷史所記載的第一次投機泡沫)的翻版。

鬱金香狂熱(Tulpenmanie)發生在荷蘭獨立戰爭接近結束、經濟轉為蓬勃發展時期,當時人們以高價交易鬱金香球莖,炒作到最後卻變泡沫化。人人都是炒賣大王,大量收購球莖,以期用更昂貴的價格拋售,這股不斷攀升的投機熱潮連一般民眾也參與其中。據說,人們為了得到球莖,就算拿土地、寶石、家具等物品來換取也在所不惜。甚至有人用一顆球莖換到了一棟房子。

到了現代,球鞋也變成投資交易的標的,像是以「メルカリ(Mercari)」為首的二手拍賣 APP,以及有專業鑑定師提供證明的球鞋買賣服務,都有助於建立一種任何人都可以從事個人與個人「買與賣」的市場。只要在網路上搜尋,就可以預測某一款球鞋會不會增值;只要再加上一點套利的知識,任誰都能加入炒賣戰局,這場「億萬國民大炒賣的時代」正式揭開序幕。

這是一個大家想用原價購買球鞋,再以高價拋售的時代,不管是「平行輸入的職業買手」,還是一般買家,就我個人來看根本沒有太大差異,可說是「人人都是 CHAPTER」。

從 2015 年前後開始,直到我寫書的時候,我感覺整個社會似乎漸漸朝向了「球鞋泡沫化」發展。Nike 發售日期的間

隔設定極為緊湊,透過一波又一波發表新品,只為了不斷拉高狂熱的電壓。過往我們稱「Rare Sneakers」,如同字面意義,指球鞋具備高度稀有款的價值;現在則改用「Hype Sneakers」這種聽起來讓人狂熱、興奮,感覺很潮的流行語來稱呼。

但回過頭來的現實就是:在二級市場裡的價位是高是低?顯然成為人氣風向球的關鍵要素。

究竟最後會泡沫化,還是會持續這樣的趨勢,說真的其實連我也沒把握,不過要是可以將這股狂潮持續延燒的話,或許球鞋會有變成「貨幣」的這一天呢?

從低潮脫穎而出的王者 Nike

無論球鞋買賣是否泡沫化,最終成功勝出的想必還是 Nike 吧!從市值的增長就可以一目了然。2011 年左右,Nike 市值約 400 億美金(約 4 兆日圓),在我撰寫本書時約莫有 1,400 億美金(約 18 兆日圓)的規模,adidas 市值則約為 320 億歐元(約 4 兆日圓),Nike 可說是壓倒性的獨自稱霸。

就我看來 Nike 不斷推出吸睛迷人的球鞋款式,開發能力是其優勢,它曾經讓我見識過那源源不絕的活力。

在 2018 年,Nike 的運營團隊為了將經銷店家的意見納入經營策略,將「T32」齊聚一堂,在美國召開了一場「高峰會議」。

Nike 從全球的帳戶（官方授權批發的經銷店）挑選出名列前茅的經銷商，前 32 個頂級帳戶被統稱為「T32」，其中當然也包括 atmos 的名字。

　　在會場上展示尚未發售的樣品，經銷商代表們紛紛發表意見。然而位在美國亞特蘭大的運動鞋店「A Ma Maniere」老闆詹姆斯・惠特尼（James Whitney）在看到 Air Jordan 系列的全新款式時，瞬間拋出一句震撼彈說：「這樣的東西是賣不出去的！」

　　「想不到居然有這麼坦率、直來直往、敢說真話的傢伙！」我也不是那種會對他人阿諛諂媚的個性，雖然不至於惡言相向，但我會在 atmos 的 YouTube 頻道上毫不避諱直言，像是品牌原廠的宣傳方式很差、賣相不好之類的話，偶爾也會因此激怒品牌，但以結論來說，如果一味當乖乖牌，只是聽從品牌的話傻傻執行，生意是無法持久的。再怎麼迎合恭維，我們不可以欺騙客人，因為那等於是背叛了客人。

　　我認為 Nike 是真心歡迎這種毫不留情面、不盲目附和的聲音，因為他們認真想在市場上有所斬獲，就算是不好聽的評論，只要有幫助，他們就會認真聆聽。我深刻感受到他們所給予的尊重，**讓合作方自由表達意見的姿態，是支撐起產品實力的關鍵之一！**

創造消費熱情,老派的購物方式更可貴

　　我們開始參加大大小小的活動,從復興球鞋文化的角度出發,自行策劃各種提案。我們決定參展在美國洛杉磯長灘的展覽中心每年舉辦的「ComplexCon」。這個展覽的名字取自英語 Convention 中的 Con,意指交流的場所,跟我們取 Festival 的 Fes 是類似的同義詞。從 2016 年第一屆舉辦至今,我們從未缺席,年年參展!

　　展場的佔地大約是東京巨蛋的一半大小(約 2 萬 3,225 平

殺到攤位上來的鞋頭們!

方公尺），有160個攤位參展。要價300美金的VIP門票通常都是瞬間秒殺，約有6萬人次進場參觀，可說是世界上最大的街頭和球鞋盛會。由日本設計師村上隆（Takashi Murakami）和Pharrell Williams擔任主持人，在此匯集當代的流行風尚，活動包含座談會、講座、裝置藝術、現場音樂表演、美食佳餚等精采多樣的內容。

ComplexCon是如此特別的活動，為了它特別企劃限定款、只在現場才能購買的特殊商品是有其必要的。我們要賣在日本限定發售Nike"CO.JP"（日本企劃）的款式，平常要耗費8、9個月才能生產，如果要配合在活動時間推出是超級艱難的任務。說到底，在美國的正規通路之下能賣Nike Japan的商品本身就是個奇蹟了，要限時推出日本企劃限定款，光憑一己之力是無法做到，我想是因為Nike理解文化傳遞的重要性，慷慨助我們一臂之力。

每次ComplexCon兩天的活動中，營業額約在4,500萬日圓左右。其中有一半都是現金，有一次我們身上攜帶超過2,000萬被誤認為非法走私，在機場還被逮捕盤問。即便如此，當你把球鞋的運送費、員工的出差費用，以及參展費用都列入，參展幾乎沒有任何利潤可言。

鞋頭們很瘋狂，會為了想要的球鞋攀過路障，有時還會發生鬥毆糾紛，導致攤位被破壞。不過，我認為這種真實的熱情，是絕對無法被數位的虛擬世界給取代的。在現場購買，然後自

己帶回家，這樣老派的購物方式或許已經跟不上時代了，但是那些能夠買到心儀球鞋的人提著購物袋、得意洋洋的離開，看起來真是發自內心的喜悅！基於這層意義，我覺得展覽是一種十分重視人與人之間的聯繫、有血有肉的活動。

即便沒有賺到錢，也創造文化交流的天地

我們在參展美國的 ComplexCon 稍早之前，在日本每年也會舉辦兩次由 atmos 主導的 Sneaker Convention（球鞋交流盛會）——「atmosCon」。正好海外的「SneakerCon」（以球鞋為主軸的交流盛會）也方興未艾，不過當時來參展的以轉賣店家居多，不免給人一種二級市場的強烈印象。

於是我們索性與品牌一同合作舉辦 SneakerCon。從 BATSU ART GALLERY、Red Bull Studios Tokyo Hall、表參道 Hills Space O 到 Shibuya Hikarie，一步步擴大規模，最終成長為一場吸引超過 4,500 人參加的活動。透過社群媒體在全球各地迅速散播，看見資訊的人們也轉發擴散。就這樣，atmosCon 逐漸壯大起來，在海外的業界相關人士也會來考察，把在亞洲辦活動也納入未來的視野裡。

我們最初的目的是讓有志一同的鞋頭們相互熟識，儘管在社群媒體彼此已經有所聯繫，實際上大多數的人並沒有見過面。因此在前一、二次活動中，我們讓每個參與者在入場時貼

上名牌貼紙，上頭寫著在社群網站上的帳號名稱，以及鞋子尺寸。活動結束後大家多半會持續來往，聽說有人一同參加完球鞋發售日的抽籤之後，還會相約去喝一杯的！

然而這種活動幾乎也賺不到什麼錢。雖然會收取約1,000～2,000日圓的入場費，但光是場地費、現場音樂演出的藝人商演酬勞……這些錢可都不是開玩笑的，靠著球鞋預購才勉強能打平收支。

儘管如此，我們還是舉辦了8次。或許有些人會覺得這很沒意義，但可以幹些「沒意義的事情」，不就代表我們在其他方面仍有所收益？心境游刃有餘、有餘裕才有力量去培養人際關係。**要做生意，做一些看起來彷彿沒有意義的事情，往往也是很重要的。**

自從 Air Max Day 以來，我們在 atmosCon 之外也增加了店頭的活動，幾乎每個禮拜都舉辦一場快閃（POP UP）活動。2019年所開幕的 atmos 千駄谷店，就被當作是能讓同好交流的場合。擁有兩個樓層，上下兩層面積25坪；一樓是藝廊，用於舉辦活動的空間，二樓是販售空間，但商品只放嚴選的東西，相對於其他店，鋪的貨非常少。

我們還會收集偏愛的系列做為展示，像是 Puma 或 Nike 的「Dunk」，也辦一些球鞋與藝術結合的藝術展覽等等，除了千駄谷店，後來也陸續在全日本各地的 atmos 舉辦，變成巡迴活動。

不把小眾變大眾，而是讓同溫層遍地開花

　　我們所販售的是一種文化，然而在「文化」裡，不免會有「懂的人才懂」的同溫層侷限，要擴大規模也非易事。

　　譬如說在一個有 100 人的區域裡，我們目前掌握了 10 位客戶，如果想擴大對象，鎖定吸引 20 位客戶，營業額當然會擴大，但其他連鎖店家與其他商品會加入競爭，久了，難免會失去小眾裡獨特迷人部分。所以我們必須做的是，該區域的客戶就維持原有 10 位的數量，但再去其他區域擴大規模，如果誤判開店的戰略，就無法保持一貫的品質。只在日本國內要擴張有其侷限，我們為了理解亞洲其他地區的喜好，幾乎每周都不斷飛出國去各地看看。

　　2017 年秋天，我們與韓國的 Win-Win 成立了一家合資公司，日本之外、亞洲第一家 atmos 在韓國的狎鷗亭開幕了。Win-Win 在韓國經營約 60 家 Nike 專賣店，我們是經由 Nike Japan 的小林先生介紹。在海外戰略方面，我會優先選擇與在地的企業合作，以確保在當地順利運作，因為地域不同，每一個地方都有其獨特的狀況和眉角。

　　在韓國，過去曾有許多生產 Nike 產品的工廠，所以消費市場對 Nike 仍有極高的需求，在日本當時僅僅只有 8 家 Nike 專賣店（不包含 Outlet、只限直營店），在韓國則有 600 家以上！由於可以挖到很多罕見的款式，我在開 CHAPTER 的時期

也經常前往採購,也因為很清楚韓國的生態,我會選擇韓國作為在亞洲展開的第一家店,也是順理成章的決定。

我與韓國的 Nike 溝通:「我想要從韓國 Nike 專賣店的鞋款當中,嚴選、嚴選、再嚴選!只挑最好的鞋款!」這種只販售精挑細選的好鞋風格,與早年的 atmos 相近。總而言之,勢必要避免跟 Nike 直營店有所衝突;再者,絕對不能忘記入境隨俗的精神。

如何將韓國 1 號店打造成搖錢樹

我們和 Win-Win 聘請了一位在地的 atmos 員工,俗稱「區經理」,這個員工原本就從事平行輸入這一行,眼光挺好。商品的整體販售架構還是由我們掌控,而什麼好賣、什麼不好賣,這些流行趨勢的判斷則交由這位在地的同事持續追蹤。

很重要的一點是,如果你不能掌握日本跟韓國在銷售排行榜上的差異,肯定無法成功!譬如說,在日本不太受歡迎的復古跑鞋(Retro Running Shoes),在韓國卻很受歡迎;Air Max 系列也不同於日本的「95」,而是「97」比較熱賣。

我們要求當地員工每天都要逐一回報,像是來店的是怎樣的客層,以及什麼商品跑得比較快。這種組合策略成功奏效了,我們的韓國 1 號店在開店僅僅一年後,就成為每月營業額

達到 5,000 萬日圓的搖錢樹！

　　看到這樣的情況，2018 年的春天我們在明洞開設了韓國第二家店。只是在這之後，在韓國開始有許多與 atmos 類似的球鞋選品店冒出來，隨著競爭對手增加，atmos Korea 的營業額也未如預期的成長。要培養讓人們最想來 atmos 購物的文化，似乎還需要花上不少的時間。

　　在 2018 年，我們也進軍泰國曼谷。泰國的貧富差距非常大，然而富裕階層的購買力非常高，整體的買氣相較日本甚至有過之而不及。於是我們也在泰國開設了第二家店鋪，然而客層並沒有如想像的擴張，很難再進一步提高營業額。

　　在本書於日本出版時，我們在印尼、馬來西亞都有開店，在美國之外，在亞洲地區（不計日本）的店一共達到了 8 家。有趣的是，在東南亞，只要 atmos 在一個地方開店，該區域後續就會有炒賣店如雨後春筍般的冒出來，活絡了二級市場。其實當二級市場蓬勃發展，一級市場也會跟著興盛起來，相輔相成之下，為市場注入了活水。

　　在美國和歐洲，各大城市的球鞋市場已經十分成熟，因此全世界的球鞋業者在尋求新天地時，最終來到了亞洲市場。在年輕人口眾多的亞洲，也會綻放出屬於自己獨特的球鞋文化。況且球鞋市場尚未被開發的地方，還有像是擁有許多年輕人的印度、孟加拉，當地人習慣穿拖鞋，但在未來的日子裡，誰知道被球鞋給取代的可能性會不會越來越高呢？

如果單單只看日本，或許會覺得球鞋市場正趨於飽和，但是若放眼整個亞洲市場，就會感到超級正面，在日本過去 30 年所發生的種種，如今的時代已不可同日而語，各地的變化以飛躍的速度瞬息萬變。

然而另一方面，在一些國家要擴張展店很困難，這也是不爭的事實。在海外發展，我十分重視和當地夥伴合作、倚重他們對市場的深入理解，我想要在當地深耕培育出 atmos「販售文化」的風格，肯定要花上不少的時間。

至於在美國的部分，在 2020 年，我的創意夥伴 John，將他在費城與華盛頓特區所經營的 UBIQ 兩家店都改名為 atmos，這下子 atmos 在美國就擁有了 3 家店，由於美國比日本更強調區域的獨特性，必須開發出更多屬於在地化的企劃。

對於喜愛四處漂泊的我來說，往海外拓展事業，正是成為我不斷旅行各地的最好動力。

女性市場：最後的新天地

我也開始挑戰尚未被開拓的女性市場。

就在 2017 年 atmos Blue 表參道店開幕過後沒多久，開始有女性朋友在球鞋發售日跟著排隊——在那之前，女性消費者會排隊的商品是買鬆餅，而不會是買球鞋。我想女性市場仍然有極大的成長空間，從那時起，我意識到營造出讓女性朋友也

能輕鬆踏入店內的氛圍，改變店鋪的呈現方式，給人一種乾淨俐落的印象。

此外，我們也聘請了更多女性員工專門來負責女性市場，在此之前雖然也有採購針對女性客群的商品，但多是交由男性員工來挑選，並沒有什麼好成績。男生終究是男生，我明白，自己無法完全理解女性的心情。

在 2018 年 3 月，我在原宿開了一間專屬女性的球鞋專賣店「atmos Pink」，就在隔年做為 atmosCon 女性版的活動，在表參道的 SO-CAL LINK GALLERY 舉辦了一場「atmos Pink Party」，來參加的女性客人比我想像的還要多，讓我們感受到了女性市場的潛能。

這個世界上對女性仍然有許多限制，不過女性服裝從過往的緊身束腰衣，演進到當今的無鋼圈內衣，選擇越來越輕鬆多樣化，極度自由的流行風潮亦是如此。

舉例來說，以前山上缺乏完善的廁所設施，所以「山系女孩」這種流行符號很難成立，然而隨著山裡的廁所建設日益完善，登山這件事迅速在女性之間流行起來。球鞋也是，只要能創造出某種契機，就有很大的可能性會廣為流行。**當女性都穿上球鞋時，身旁的男性腳上就絕對也會是球鞋，而不是皮鞋。** 我認為這會是可以再度炒熱球鞋市場的一個引爆點。

以我的觀察，女性並沒有像男性這樣對某些限定的潮流球鞋（Hype Sneaker）有太多的興趣，因為原宿有特殊的「可愛

（KAWAI）」文化，如果設計或配色無法讓女孩們一眼相中，基本上買都不會想買，並且很容易被價格給左右。從熱銷排行來看，女性購買球鞋的主力價格帶，大約是 atmos 球鞋平均價格的一半，也就是 6,000 圓左右，貴一點也很少超過 1 萬。因為對趨勢很敏感，流行的穿搭風格每天都在變化，所以女孩們有許許多多的選擇，即使在鄰近的原宿和澀谷，所熱賣的產品也有所差異。

這些說起來很深奧，對我來說還有許多無法了解的地方，但是從全球的規模來觀看，無庸置疑，女性消費是個尚未飽和的市場，因此我不斷思考，一邊探索其可能性，同時想辦法炒熱它！

比起過往，女性對於球鞋的消費需求確實有在增加中。在 atmos Pink 陳列的球鞋選項之多元，是其他店家難以匹敵的，如果沒有限制，造型師的商借（商品借出拍攝）每天都有超過 10 件以上的預約！不過也因為老是忙著處理這些媒體應對會影響工作，我後來訂了規則：每天只能接受 3 件預約。

在過去幾年，年輕女孩對球鞋的辨識品味更加挑剔，我觀察已經發展到一種新的態勢，我也期待 atmos Pink 的員工們展現潛在的實力！

在疫情的逆境中提升業績

搭上了球鞋狂潮,並且堅定落實「販售文化」的風格,讓我們在 2020 年的營業額逼近 200 億大關。

但就在這個時機點,受到 Covid-19 疫情擴散的影響,2020 年 4 月,日本發佈了第一次「緊急事態宣言」。人類從街上消失了,商店按照政府暫停營業的要求紛紛關上大門,原宿這一帶宛如變成了一座鬼城。外國人入境受限,這意味著代表業績核心的海外來客無法貢獻營業額了;商品漸漸堆積如山,物流變得亂七八糟。

在過去 5 年,要是少了外國客,日本球鞋的榮景是不可能如此興盛的,球鞋對日本商業界來說,已經像是真金白銀的「貨幣」,過度生產會造成通貨緊縮(Deflation)、價值跌落,當流通量大幅增加,也多虧海外觀光客的購買才能保持平衡。

而對於大品牌來說,即便像是 Nike Japan 這樣重視數據、需要精準預測需求的廠商,也發生了尺寸拿捏的計算失準。在預購訂單階段,他們在疫情前對於熱銷尺寸的預測押錯寶,導致日本人需求比較高的 27.5cm、28cm、28.5cm 等庫存不夠,反而是國外客人最常購買的 25.5cm、26cm、26.5cm 這些尺寸賣不完,留下一堆。

這是因為在外來客之中,主要核心是以中國客為主,他們更偏好合腳的尺寸(Just Size),然而日本人則喜愛買稍微大

一點的鞋子。不同地區的穿著文化不同，像是穿搭時，習慣穿的褲子寬度、襪子厚度等等，都會影響鞋子的暢銷尺寸。

對我們來說，這也是從未經歷過的狀態，讓人感到焦慮不安。對我來說，店面有營業才有其價值，不管賣得好或是賣不好，我們實體店連一天都從未休息過，一直持續營業。

atmos 的線上購物商城有 100 萬的會員，在疫情期間，我們馬上將店內的熱賣重點商品都盡量移轉到 EC（電子商務平台），當時 EC 的營業額因此提升到佔整體銷售額的 60％左右。我想，如果將庫存分配比例（Distribution）往 EC 移動，電子商務佔營業額的比例甚至可以提高到 90％左右吧，不過，正如我不斷提及的，atmos 的優勢是在店裡與客人面對面交流的銷售文化，如果過度依賴 EC 將無法發揮優勢。我們步步為營，一切都是為了不要失去實體店鋪所存在的價值，也不願失去與主顧客們面對面的機會。

在以前，為了避免來店人數太多塞爆單一店面，導致我們的員工應接不暇，我刻意採取把好幾家店集中在同一區域、多點開花全面佔據式的設點策略，但疫情讓這些變得毫無意義，一瞬間，變成同一區充斥著好幾家神似的店，簡直有如日本傳統糖果「金太郎飴」（不管切幾片，圖案都長一樣）。此時，我認為要與其他店有差異化，於是決定關閉小型店，微調了各家店的營運概念。

不能被統計數字牽著走

　　在疫情期間，還是要替處於寒冬的生意找一線生機，我們細查店鋪、嚴格控制成本，於是平時根本不會注意到的各種浪費，在這期間順便都被揪了出來。

　　隨著外出機會減少，我原本認為球鞋狂熱也將迎來終結，但在疫情期間的金融寬鬆政策之下，流通的金錢變多了，這也讓轉售市場（二手炒賣）更旺。炒賣類型的網站 StockX、SNKRDUNK 都募資成功，企業價值提升，這一切都是在疫情期間所發生，結果導致不論新品或是二手，在市場上流通量較少的商品熱賣，常見的產品則是賣不掉造成庫存過剩，銷售狀態邁向更加劇烈的兩極化。

　　我們受到疫情影響的第一個年度，即 2020 年 8 月的財報，營業額為 170 億日圓，較前一年略減，不過，疫情第二年起，我已逐漸掌握到要如何賣東西了。

　　不管是製造商還是我們的競爭對手，在生產和訂貨上都很重視數據統計，但問題也正是出在這裡，明明以前很暢銷的款式，在疫情期間的銷售瞬間一蹶不振，反映在數字上，這些款式就會被視為「近期賣得不好」的款式，其他店家就會傾向限縮訂貨數量。

　　我鎖定了這個機會，反其道而行，勇敢將這些賣得不好的款式大舉進貨。儘管這等於我是站在天平上「庫存風險」的那

一端，但直覺告訴我：「這些今年開始會大賣喔！」結果預測成真！最後這些款式的進貨量我們獨佔鰲頭，其他店引進的不多，客人紛紛流入我們這裡。

當你販售的東西是其他地方沒有的，銷售額必然也會增長。就這樣，2021 年 8 月的財報是營業額 209 億，比前一年增長了 12～13％。這在 Text Trading Company 是史上第一次，在一年內成長了近 40 億日圓的營業額。

此外，疫情期間，為了跟客人們有更深入的互動，我們也改成舉辦一些小型活動，像是與日本全國 adidas 的粉絲對談，舉行「adidas 會」。

我本人每周都在全國各地跑來跑去，這種「深耕地方、腳踏實地」的策略，讓我漸漸挖掘出 adidas 的忠實粉絲，與他們有越來越多的交集，從一開始只有 7 個人的「adidas 會」，到後來在各地舉辦時已能吸引超過 300 人以上報名。

因為有口皆碑，其他品牌原廠也開始委託我們舉辦像是「New Balance 會」和「ASICS 會」，最後連 Nike 也與我們連繫，想要舉辦「Air Force 1 會」。

在剛開始只有 7 個人報名的階段時，我想如果是一般的公司很可能就會停辦吧，但未來到底會失敗還是成功，沒有嘗試持續舉辦下去是不會知道的，而且辦活動也有助於提升知名度。另外，之所以能夠堅持辦下去，很大部分也跟我自己很喜歡出門到處趴趴走有關。

再說一次，所謂文化是通過人與人之間的聯繫醞釀而成的，**要建立強大的人脈、連結，我深刻體會到，真實交流仍然比虛擬網路更強而有力！**

前面提到的 atmosCon 受到疫情影響，在 2020 年和 2021 年改為在網路線上舉辦，但果然變得很無趣，參加者也無法照慣例穿上自己引以為傲的球鞋到現場，與同好朋友聚在一起，不抱持什麼目的、只是單純享受討論球鞋的話題。這也讓我思考，終究要重啟實體的活動。

在疫情期間，網路已經成為大家生活中「理所當然」的存在，但由於太過於方便，也很難再做出差異，因為大大小小的公司都投注心力在電商網站，「方便讓人購買」已經成為基本標配，就算加入再新的功能，對營業額也不會產生太大的影響，要增加銷售額，就勢必要做一些與眾不同的事情。

所以，我們重返最初的起點：著重實體店與面對面的客人、販賣只有我們能銷售的產品、做那些只有我們才能做的事情。

在未來的時代，在世界越來越趨向數位化的同時，我想實體的強弱也將造就差異性的產生。

「用 400 億日圓賣掉 atmos」的幕後

隨著疫苗開始普及，疫情趨向穩定，就在 2021 年 10 月 31 日，我用 3 億 6 千萬美金（當時的匯率約為 400 億日圓），把

自己的公司出售給全球最大的球鞋零售專賣店 Foot Locker。

　　大約在兩年前，我碰巧與幾位 Foot Locker 的成員在紐約碰面一起吃飯，當時對方就提到了「想要買下 atmos」的話題，然而當時的我絲毫沒有考慮出售公司。我們的店如此生氣勃勃，說要將自己做了二十多年的公司賣掉，我完全無法想像。

　　我記得是半年後左右，雙方才開始有更多的討論。事實上，在此之前也有過許多企業提出併購（Mergers and Acquisitions，M&A）的提議，而我全都拒絕了，然而會想要聽聽看 Foot Locker 的想法，一則是因為阿久津說：「現在不就是賣掉的好時機嗎？」另外，將自己一手創立的 Kick USA 出售給德國 Deichmann 公司、早已有經驗的 John 也對我說：「讓我來幫你吧！」

　　而我自己則認為：「如果可以跟 Foot Locker 做生意，不也能夠將 atmos 帶到下一個成長階段嗎？」

　　就「質」來說，沒有進口到日本的產品，或許可以透過 Foot Locker 幫忙引進日本販售，Foot Locker 比起 atmos 有更大的進貨量，在折扣上（批發價）更有優勢；就規模而言，我們可以借助 Foot Locker 的力量，更迅速的在整個亞洲地區擴張，針對年輕市場，將我們所擅長的舉辦活動、聯名訂製款提出更有趣的規劃，創造出熱銷狂潮。隨著人口高齡化、鄉村地方人口稀少與大城市人口過度密集，我想舊有的商業模式可能不再行得通吧！發揮彼此擅長的領域，可以用比過往更快的速度，

在嶄新的市場上將球鞋文化建立並扎根。

要是我很有經營手腕,這些事情就算只靠我自己的公司Text Trading Company 或許也能實現,然而,經營公司至今已經 26 年的我,始終無法改變自己對生意大小事都要全盤掌控、凡事都要親自動手的個性。

我想,我缺乏將事情託付給他人的才能,這也侷限了我無法將公司做得更大。

同樣的,對於 Foot Locker 來說,他們是大型零售商,並沒有像 atmos 這樣透過球鞋選品在市場競爭的模式,如果加強品牌力和專業知識,可以把在球鞋狂潮中所受惠的留存收益(retained earnings)再做投資,想必他們也有這樣的考量吧!

此時此刻,John 再次給予我許多幫忙,幾乎全權負責起跟 Foot Locker 的所有具體談判。這些事情都交由律師們之間進行,我們的團隊有 5 個人,我聘請了一家美國的律師事務所、一家日本的國際律師事務所,以及一家評估企業價值的會計事務所。

企業價值是由 EBIT(息稅前利潤)決定。向來以績效主義為導向的美國,最重視的就是「這公司能賺多少錢」,再來針對這個企業價值(利益)進行評估,好決定收購的價格。

估值標準會根據行業有所差異。依照過往服裝產業的 M&A(併購)案例來判斷,EBIT 的 10 倍被認為會是很高的估值;而 1〜2 倍的話則是極為常見。假設 Text Trading Company 是

一間 IT 相關的企業，或許可以用 20 倍、甚至是 30 倍的價值出售，然而，這是不可能的。

我們的 EBIT 國內外加總起來是 3 千萬美金（約 30 億日圓），然後 Foot Locker 一開始所提出的金額為 2 億 7 千萬美金（約 300 億日圓）。在雙方一來一往的談判當中，最終以 EBIT 的 12 倍，就是 3 億 6 千萬美金將 atmos 給賣出去。將品牌出售，這事情本身就會變成新聞，這跟信譽有關，因此，能以一個好看的高價出售是非常重要的。

大家聽到這個價格都說：「太厲害了！」只是我個人並不這麼認為。日本球鞋市場的規模高達 1 兆日圓，所以老實說，我總覺得：「或許可以賣更高的金額才對啊～」

決定出售最終的關鍵因素在於「**這一切到底有趣不有趣？**」都走到了這一步，我夢想在球鞋業界裡稱霸全世界！

相較之下，要賣掉一間公司真是有夠累的，要花費大量的時間和金錢，平日要配合美國時間，每天深夜要進行線上會議，由於這狀況持續了 6、7 個月，睡眠不足導致我體力無法負擔。當達成談判的那一刻，與其說感到難過，更多的是「終於結束了！」這種鬆了一口氣的情緒。

達成協議是在 8 月份，從那時起進入最終合約簽署的調整階段。結果，光是要支付給律師的時薪，就高達到 3 億 5 千萬日圓。

合約簽署是在 10 月 31 日。那一天，我和兒子、還有小坂，

一起前往位於三重縣四日市的一家 Vintage Shop。主要目的是為了購買經典的老球鞋（Vintage Sneaker）。當時突然收到「要現在馬上簽名！」的通知，我就在近鐵線的四日市車站，坐在停靠在月臺的電車裡頭，簽署了電子文件。

11 月 1 日中午 12 點，我們正式成為 Foot Locker 的旗下公司。

公司名稱變成了「Foot Locker atmos Japan 有限公司」，我當下的職稱則是「CEO 兼 Chief Creative Officer」，而 atmos 和 atmos Pink 的店名都維持不變，而我們所做的事情也都相同，所以我沒有什麼把公司賣掉的感覺，日常的作息、例行公事也都照舊進行。在做生意的經營方式沒有改變之下，2022 年 8 月財報中，我們擁有國內 33 家店鋪與海外店 11 家（包括 atmos Pink），比起前一年，預估營業額將大幅增長到 240 億日圓。

簡單來說，因為每天都非常忙碌，甚至連寂寞的情緒都少了一大半。

商業與自由

我的價值在於我的效率、判斷能力以及執行能力，我可以當機立斷，這個商品會賣還是不會賣。

當公司是我一個人的時候，風險可以自己承擔，因此也能夠快速做出對應，然而隨著組織越變越大，每一步都需要向總

部請示判決策。總而言之，這過程非常耗時，因此有的時候（其實是大部分的時候）我會選擇無視，擅作主張來進行。Foot Locker 總是大發雷霆：「我們根本無法掌控本明！」唯一不變的是，我不斷賣出球鞋、創造穩定的數字，因此美國那邊只能勉為其難的遷就我，放任我自由。

我開始做生意的理由，單純是因為我嚮往自由。當然，當上班族依然能保有自由的，也大有人在，然而對我來說並非如此，當我遇見了讓我投入所有熱情的球鞋，並且成為我的事業，金錢充其量就只是個結果。**真正重要的是，熱愛自己的事業。如果可以做到這一點，商業之神有天一定會降臨。**

在與 Foot Locker 的談判當中，我自始至終都把重點放在關於所有對我的約束，我希望無論在任何人底下工作，自己都能保有自由之身。

我的生意迄今之所以可以順利發展，是因為總有這麼一群對我抱持著愛之深責之切的人們。

已經再也見不到的杜曼阿伯、在八王子針灸院的八郎醫師、以前的批發客戶「Houei」的大叔，以及我的母親。還有，對於我的失敗沒有任何怨言，26 年來不斷幫我擦屁股善後的員工、好友、太太以及妹妹，一切都是多虧了他們。

我們並不是什麼菁英團體，而是一群小小魚兒相聚一塊，用向上游的精神，才能像是一條巨大的魚，大夥一同奮鬥至今！這 26 年來我們不眠不休，持續衝刺來到這一步。

是人與人之間的關係，成就了 atmos 的一切。

我之所以可以一路走到今天，最重要的是，因為做生意太有趣了。

也許有一天，atmos 也會面臨走下坡吧！我對這個事業充滿著熱情，也是因為身邊有著跟我抱持相同熱情的員工們，所以才能創造出有趣的東西；但是，當人們失去了幹勁，事情就會變得不順利，再怎麼說，公司畢竟是由「人」所構成的！

每當我處於人生迷茫時，我總是會想起寫在杜曼菜單上，莊子的話：

「澤雉十步一啄，百步一飲，不蘄畜乎樊中。神雖王，不善也。」

曠野草原上的雉雞，跑幾十步才能吃上一口食物，走幾百步才能喝上一口水，即便為了生存必須如此辛苦，但雉雞從來不會想要被人關在籠子裡飼養。

而我為了保持自由，我將繼續從事我的生意之道。(注1)

注1：本明秀文最終在 2023 年離開 atmos，他改為開設飯糰店「ぼんこ」，並表示自己依然每天凌晨 4 點起床健行、思考。

本明的商道心法

1. 平常出門我只搭電車或公車,只因為想看看周遭人們的腳上都穿什麼樣的鞋子。

2. 「奢侈」這件事是沒有極限的。一旦屈從貪婪的慾望,最後會養成習慣,而習慣會扭曲價值觀。

3. 我們必須要有能力選擇不看手機,否則注意力會被分散,錢也會跑走。

4. 如果跟原本客群的價值觀、消費觀脫節,做生意的敏感度就會鈍化掉。

5. 想要提升資訊的精確度,最好的辦法還是常與各式各樣的人碰面交流。

6. 透過日常生活裡一點一滴的自律、累積這些例行常規的基本功,才有本錢與人一較高下。

7. 在二級市場裡的價位是高是低,顯然會成為人氣風向球的關鍵要素。

8. 能讓合作方自由表達意見的姿態,是支撐起產品實力的關鍵之一!

9. 能做一些「沒意義的事情」,代表游刃有餘,有餘裕才有力量。做生意,做一些看起來彷彿沒有意義的事情,往往也是很重要的。

10. 在世界越來越趨向數位化的同時,實體的強弱將拉大差距。

把喜歡的東西變成錢
SHOE LIFE

「400億円」の
スニーカーショップ
を作った男

從無到有套現400億，日本炒鞋天王的買賣之道

作者	本明秀文
文字協力	小池裕貴
譯者	LEE TEA (L.DOPE)
封面設計	Bianco Tsai
內頁設計	Ayen
內頁排版	周昀叡
主編	莊樹穎
行銷企劃	洪于茹、周國渝
出版者	寫樂文化有限公司
創辦人	韓嵩齡、詹仁雄
發行人兼總編輯	韓嵩齡
發行業務	蕭星貞
發行地址	106 台北市大安區光復南路202號10樓之5
電話	(02) 6617-5759
傳真	(02) 2772-2651
劃撥帳號	50281463
讀者服務信箱	soulerbook@gmail.com
總經銷	時報文化出版企業股份有限公司
公司地址	台北市和平西路三段240號5樓
電話	(02) 2306-6600

第一版第一刷 2025年4月18日
ISBN 978-626-98912-6-9
版權所有 翻印必究
裝訂錯誤或破損的書，請寄回更換
All rights reserved.

《SHOE LIFE》
ⓒ HIDEFUMI HONMYO, 2022
All rights reserved.

國家圖書館出版品預行編目 (CIP) 資料

把喜歡的東西變成錢 / 本明秀文著；譯 | -- 第一版 --
臺北市 | 寫樂文化有限公司 | 2025.04 | 面；公分 --
(我的檔案夾；81)
譯自：Shoe life
ISBN 978-626-98912-6-9（平裝）

1.CST: 創業 2.CST: 企業經營 3.CST: 商業管理

494.1   114003904

Original Japanese edition published by Kobunsha Co., Ltd.
Traditional Chinese translation rights arranged with Kobunsha Co., Ltd.